保卫钱包
家庭财富新方程

杨 轩 / 著

ZHEJIANG UNIVERSITY PRESS
浙江大学出版社
· 杭州 ·

图书在版编目（CIP）数据

保卫钱包：家庭财富新方程 / 杨轩著. -- 杭州：
浙江大学出版社，2025. 2. -- ISBN 978-7-308-25698-8

Ⅰ. TS976.15

中国国家版本馆CIP数据核字第20249FP417号

保卫钱包：家庭财富新方程

杨 轩 著

策 划	杭州蓝狮子文化创意股份有限公司	
责任编辑	黄兆宁	
责任校对	朱卓娜	
封面设计	袁 园	
出版发行	浙江大学出版社	
	（杭州市天目山路148号 邮政编码310007）	
	（网址：http://www.zjupress.com）	
排 版	杭州林智广告有限公司	
印 刷	杭州钱江彩色印务有限公司	
开 本	710mm×1000mm 1/16	
印 张	17	
字 数	200千	
版 印 次	2025年2月第1版 2025年2月第1次印刷	
书 号	ISBN 978-7-308-25698-8	
定 价	68.00元	

前　言

当您翻开这本书的时候，我假设您是一位事业有成的中年人，或者是一个想学习各种理财知识的年轻人，或者是一位仅仅对理财充满兴趣的朋友。

在我看来，优秀的理财者应该知道如何为自己的财务安全出谋划策。他们了解市场动态，明白如何利用金融工具达成自己的目标，并且能够灵活应对市场的变化。在这本书中，我们将一起探讨如何为自己设定未来的财富目标，如何认识和规划自己的财富，如何利用各种金融工具来实现资产的保值和增值，以及如何在当前复杂的经济环境中保持理财的稳健性和灵活性。

我希望能够帮助读者成为理财的"明白人"：一是学会设定目标，即明确自己的财务目标和预期，达成一个目标之后再设定新的目标；二是学会实现目标，即通过合理的理财手段实现这些目标，并且能够随着市场变化调整自己的策略。

本书中的理财知识和方法，大部分都是经过市场验证并且行之有效的，也是迄今为止我自己在理财领域的经验和认知的总结。您可以学习并应用这些知识，将理财思维应用于日常生活。

理财不仅是一种技能，更是一种生活态度。通过理财，我们不仅能保护和增加我们的财富，更能为自己和家人创造一个更加稳定和美好的未来。毕竟，理财不仅关乎如何投资赚钱，还涉及如何保护和管理我们的财富。

希望读完这本书的读者，能够更加明确自己的理财目标，掌握实现这些目标的方法，最终实现保卫钱包的目的。

在接下来的章节中，我们将深入探讨各种金融工具的使用方法、理财策略，以及如何在不同经济环境下进行有效的资产配置。让我们一起踏上理财的旅程，奔向更加光明的财富未来。

本书的完成，要特别感谢我家人，包括我的父母、太太和可爱的女儿的支持。他们让我真正体会到，很大程度上，我们努力工作以及理财，最终目的是给家人们更好的生活。也要感谢蓝狮子的韦老师认真负责地帮助我，监督我的写作进度。还要感谢我的同事钱雨晴帮我收集了很多资料，并制作了部分图表。

目录

/03　　*存好要花的钱——活钱账户*

/04　*守好"保命"的钱 ——保险账户*

/05 加点"求稳"的钱——长期稳定账户

/06 投好"生钱"的钱——投资账户

谁动了我们的钱包

钱包缩水了

你有没有过这种感受：明明很努力地工作，却总觉得钱包里的钱越来越少，越来越没有安全感？

这种感受，究竟是我们的错觉，还是真的存在那只"看不见的手"让我们的钱包在无形中"缩水"？

实际上，这只"看不见的手"是真实存在的。下面我们就来了解一下，让"钱包缩水"的"七宗罪"。

第一，通货膨胀。

通货膨胀，简单来讲，就是货币贬值。

20 世纪八九十年代，"万元户"还是稀罕事。1 万元，在中国很多城市，甚至可以买一套房；而现在，同样是 1 万元，只是一线城市一平方米房价的几分之一。1980 年，中国城镇居民人均可支配收入为 477.6 元；2021 年为 47411.9 元，涨了近 100 倍，增长幅度与 GDP 的增幅大体保持一致。[①]

---

① 国家统计局.1999年中国统计年鉴[EB/OL].(1999-01-01)[2024-10-31].https://www.stats.gov.cn/yearbook/indexC.htm.

金融学里有个"72 法则"[①]，它是以复利为原理，估算投资翻倍或货币贬值减半所需要的时间。以 10 万元人民币为基数，按年通胀率 3.5％计算，几年后购买力会减半，也就是说，几年后 10 万元会贬值成 5 万元。

可以这样算：72 ÷ 3.5 ≈ 20.57 年。这就是说，只需要大约 20.57 年，购买力就会从 10 万元变成 5 万元。因此，根据"72 法则"，在 3.5％的年通胀率之下，大约 20 年时间，就会让我们现在手里的钱缩水一半。再简单点说，同样的货币值，20 年后能买到的商品量会比当下减少一半。对于拥有一定现金或做固定收益投资的中产阶级来说，这是摆在面前的、非常现实且"硬核"的问题。

从宏观经济角度来说，各国都会长期存在通货膨胀。从经济长周期来看，发达国家的居民消费价格指数（CPI）约为 2％～ 3％，发展中国家的 CPI 约为 4％～ 6％。也就是说，只要经济在发展，社会在进步，国内生产总值（GDP）在增长，"通货膨胀"现象就会持续存在。

正是因为通货膨胀引发的货币贬值，从长周期来看，你的账户余额看上去分文未少，但随着购买力的下降，你的账户余额早就在悄无声息中缩水了。

第二，不断攀升的生活成本。

对于中产阶级来说，生活成本中最为敏感的是购房成本和房租。

中国的房价在过去的二三十年间经历了几轮上涨。房价涨幅最高时甚至远超我们的收入增速。在这种情况下，对于工薪家庭而言，也许需要不

---

① "72法则"指以1％的复利计息，72年后，本金翻倍的规律。

吃不喝 20 年才有可能付清一套刚需两居室——事实上，大部分人都不可能做到全款买房。即便房贷利好持续，购房时只需付 20% 的首付，每月的月供贷款利息对于很多家庭而言，也是"生命中不可承受之重"。

当然，生活成本还包括基本的衣食住行，以及中国社会绕不开的几件大事：结婚生子、赡养父母、抚养孩子、人情往来等。同样，以上成本都在随着社会的进步和变迁而稳定增加。

不断攀升的生活成本，挤压了家庭的可支配收入，使得许多看上去光鲜的中产家庭陷入"入不敷出"的状态。人们没有多余的钱用来储蓄，更无力追求更高品质的生活。

第三，社会比较压力。

随着新媒体的大量出现和网络传播的高速发展，社会信息差逐渐被打破。人们在定位自己的社会地位时，除了依据传统的客观标准，更习惯于通过与周围人比较来获得认同感，从而找到自己的"社会坐标系"。这种无处不在的社会比较压力，也会对我们的消费方式产生影响。

相对于高物价带来的"硬压力"，社会比较压力可以看作一种"软压力"。首先，人是社会性动物，我们常常难以摆脱社会主流观点的影响。其次，出于从众心理，我们会不自觉地模仿和追随周围的人。

社会比较压力会带来以下影响：

●增加消费欲望。当我们看到同龄人购买新款手机或开豪车时，常常会受到从众心理的驱使。这种比较和模仿心理会导致过度消费，购买不必要的物品。

●提高消费标准。社交媒体上展示的奢华生活方式也会引发我们提高生活水平的愿望，从而导致更多的购物和开支。

●不利于储蓄。过于关注他人的消费习惯会使我们更加专注于眼前的享受，而忽视了未来的财务规划。这样的行为会妨碍我们积累财富和储蓄。

总之，社会比较压力会让我们的消费更多地受外界影响，而不是基于真正的需求。它也容易使我们的消费脱离财务规划，从而对后续的理财和投资产生负面影响。因此，要更好地守护我们的"钱包"，我们需要认识到社会比较的影响，并采取措施来抵御这种压力。

第四，利率风险。

利率的变化直接影响到金融市场和投资的回报率，这种变化也会波及我们的"钱包"。

当利率上升时，已发行的固定利率债券的市场价值往往会随之下降。而在当前的金融环境中，人民币存款利率持续走低，虽然美联储在2024年9月做了近四年来的首次降息动作，但是美元存款利率仍处于相对高位。投资者为了追求更高的投资回报，会把人民币资产换成以美元计价的资产。

第五，健康风险。

随着年龄的增长，健康问题可能会成为中产家庭支出的一座隐形大山。比如突然的健康危机甚至重大疾病，不仅会产生巨额医疗费用，还可能带来工作能力的永久丧失，从而造成家庭收入锐减。

如果家庭的主要经济支柱突然因疾病无法工作，那么整个家庭会遭遇收入锐减甚至彻底断流。家庭组织可能会因此而面临非常重的经济压力，比如还不上的房贷、车贷和交不起的学费。"中产返贫"并非危言耸听。

第六，货币风险。

由于汇率的波动，投资外币资产时，也可能会面临货币风险。

假设，我们在人民币对美元汇率较高（即人民币相对强势）时购买了美元资产，随后人民币对美元汇率下跌（即人民币贬值），那么在将这些美元资产兑换回人民币时，我们可能会获得比预期更多的人民币。反之，如果人民币对美元汇率上涨（即人民币升值），那么在兑换时，我们可能会获得比预期更少的人民币。货币汇率可能会受到各种不可预测因素的影响，这种风险在短期内尤为显著。

第七，各类理财和财富陷阱。

我将会在下文中展开作详细说明。

警惕返贫陷阱

这几年，"中产返贫"已经变成一个社会性话题。自 2021 年 3 月《深圳经济特区个人破产条例》实施以来，截至 2023 年 6 月，深圳市中级人民法院已收到个人破产申请 1635 件。[①] 我们也常笑谈：大厂裁员，大波中产瞬间返贫。这里，我们总结了造成中产返贫的几大原因。

---

① 深圳市人大常委会. 我国境内首宗个人破产案债务人获经济"重生"[EB/OL]. （2023-06-25）[2024-04-24]. http://www.szrd.gov.cn/v2/lvzhi/lfgz/lfdt/content/post_976942.html.

高收益投资陷阱

部分中产返贫，就是因为他们做了一些不理性的投资，最后血本无归。所谓的"高收益"投资，就像是摆在小白鼠面前的诱人奶酪。大家都希望获取高收益的投资回报，却对投资风险缺少警惕。

一旦遇上股灾、杠杆爆仓等情况，等待中产的可能是资产清空，甚至负债累累。

投资的陷阱，看起来坑的是缺乏理性的人，实际上，所有人都有决策失误踩坑的可能。所以，很多看上去睿智理性的人也会因为错误的投资而破产。

中国人民银行前党委书记和原银保监会主席郭树清先生，就曾经提醒过广大金融消费者和投资者："高收益意味着高风险，收益率超过6%的就要打问号，超过8%的就很危险，10%以上就要准备损失全部本金。"从2018年的利率情况来看，这并非危言耸听。但以现在的标准看，要保证本金安全，这个收益率标准还得往下降。

过高的贷款利率

2024年2月20日和3月20日，中国人民银行公布的5年期贷款市场报价利率（LPR）大致在年化3.95%左右。[①] 然而，许多人可能对这一利率一知半解，因此在办理消费贷款、网络贷款等贷款时，可能会承担极高的利率，有些可能超过10%，甚至20%。部分贷款可能还附加了滞纳金，

---

① 中国人民银行.2024年2月20日全国银行间同业拆借中心受权公布贷款市场报价利率（LPR）公告 [EB/OL].（2024-02-20）[2024-04-28].http://www.pbc.gov.cn/zhengcehuobisi/125207/125213/125440/3876551/5242639/index.html.

或采用复利计算利息，由此引发可怕的"利滚利"（利率在一段时间内迅速增加，甚至翻倍）。

近年来，相关部门已出台法律规定，将利率为同期一年期 LPR 4 倍以上的借贷定义为"高利贷"。法规出台前，许多消费贷款的利率都远超过这个标准。该法规出台后，一些贷款公司仍试图以各种方式美化高利率，让用户对高利率放松警惕，使用户轻易被卷入"高利贷"圈套，难以脱身。表面上，它们提供了低门槛的借款方式，背后却隐藏着花样繁多的"大坑"。

从经济学的角度来看，借贷实际上是一种增加资产杠杆的行为，可能带来高收益，但也可能伴随着更大的风险。如果借款人无法及时还款，将大大增加家庭的还款压力，甚至让家庭陷入贫困。

对于借款和贷款利率，人们需要更加谨慎和明智地进行辨别和选择，确保在借款前充分了解利率和还款条件，以避免遭遇不必要的财务困境。此外，监管部门也需要继续加强对消费贷款市场的监管，以确保市场更加规范和公平。

非理性消费

过度消费和提前消费，确实可能导致不健康的财务状况。在新消费主义时代，人们很容易陷入"疯狂消费"陷阱。商家通过广告、促销和优惠券等手段吸引消费者，促使他们购买本来不需要的东西。作为消费者，我们需要时刻保持警惕，尽可能地保持理性，避免过度消费。

美国金融作家戴维·巴赫提出了一个有趣的理财概念——"拿铁因子"。

指的是那些生活中非必要，但却能积少成多产生影响的支出。

为了用"拿铁因子"来说明"小钱的问题"，他在《拿铁因素》一书中讲述了一个真实的故事：一对收入并不算高的小夫妻，每天早上都要喝一杯拿铁咖啡。看似很小的花费经过 30 年的累积，他们竟然为"每天一杯拿铁"这件小事花费了 20 多万元。

"拿铁因子"具体指的是人们生活中小额的、经常性的、可有可无的习惯性支出。你是不是也觉得，一杯咖啡而已，一个付费购物袋而已，一瓶纯净水而已，不至于因为这点小钱变穷吧？如果是，那么很不幸，你也被"拿铁因子"绑架了。

因此，我们必须正视小额开支，不要让"拿铁因子"轻轻"扇动它的翅膀"。建议控制一些非必要的支出，比如咖啡、瓶装水、香烟、打车、外卖等，并定期进行一些储蓄投资，长此以往，也可集腋成裘。

过度负债

适当负债有利于积累财富，但是过度负债就存在巨大风险。

比如，消费贷很容易造成家庭过度负债。虽然消费贷能在短期内填补财务漏洞，但从长期来看，债务会随着利息增长而不断加码；当无法偿还时，就会陷入贷款陷阱。

为了满足高额消费的欲望，很多年轻人会办理小额贷款，拆东墙补西墙。每个月的收入还完信用卡和小贷后，基本就归零了。

超前消费，的确能满足个人膨胀的物质需求和虚荣心。可是，个人和家庭的还款能力是有限的，债务越滚越多，只会陷入"以贷还贷"的深坑中。

失业和收入中断

大多数家庭中，工资收入通常是家庭收入的主要来源。如果家庭的主要经济支柱突然失业，则会导致家庭收入锐减，无法支付房贷或高额医疗支出，家庭财务就会陷入赤字。

因此，对于有家庭的人来说，即使有一定的积蓄，也不应轻率地辞去工作，因为失业就意味着收入中断。

我们可以将家庭财富想象成蓄水池中的水，家庭的支出是蓄水池中定期流失的水，而收入是蓄水池中注入的新的水。如果收入大于支出，那么蓄水池中的水就会逐渐增加；一旦收入中断，新的水不再注入蓄水池，水面就会逐渐下降，最终可能干涸。因此，维持稳定的收入，对于家庭的财务健康至关重要。

"黑天鹅" 事件：不可预测的重大冲击

美国著名投资人塔勒布认为"黑天鹅"事件特指那些罕见且无法预测，但是一旦发生，其影响力足以波及整个市场乃至全球，并导致深远的连锁效应的事件。其产生的影响就像是一只黑色的天鹅突然出现在人们习惯于只看到白天鹅的湖面上，会震惊所有目睹这一幕的人。

历史上，"9·11"恐怖袭击事件和2008年的全球金融危机都是典型的"黑天鹅"事件。近年来，包括地缘冲突在内的"黑天鹅"事件频发，影响深远。

许多人或许会自信地认为，"黑天鹅"事件与自己的日常生活或投资决策相距甚远，无须为之过分忧虑。然而，正是"黑天鹅"事件的罕见性和不可预测性，导致它们的出现总是在不经意间对个人、企业乃至国家的经济和安全造成重大的冲击。

因此，对于每个人而言，了解并尊重"黑天鹅"事件的存在，不仅是明智的选择，更是必要的谨慎。它提醒我们，在乐观的同时，也要做好应对最坏情况的充分准备，只有这样，才能保护自己，在不可预测的风暴中稳住脚步。

担保和无限连带责任

在江浙一带，民间借贷和担保是相当普遍的现象，这也是"包邮区"民营经济活跃的原因之一。然而，这种现象也带来了大量的违约情况。要么是借出去的钱收不回来，要么是作为担保人的责任人，因债务问题不得不卖房还债甚至破产。

关于担保，很多人并不了解担保人需要承担的法律风险。一旦债务人无法履行还款义务，担保人就必须动用自己的资产来帮助朋友还债。虽可谓是真"两肋插刀"，最后却容易落得两手空空。

因此，在成为担保人之前，有两个关键因素需要考虑。首先，自己是否有足够的能力来承担担保责任。其次，承担担保责任是否会对家庭产生重大影响。

此外，在借钱给他人时，也需要慎重考虑对方的信用状况和还款能力等因素。最好保留有效的借款凭证，并在可能的情况下要求抵押物，以避免出现借款无法收回的情况，防范财务风险。这些都是在金融交往中需要慎重考虑的重要因素。

最大的敌人，就是自己

在致富的道路上，我们面临着重重挑战，但有时候最大的敌人，不是别人，反而是自己。不管是人性的贪念，还是一时的冲动决策，都可能导致大额的财产损失。

因此，我们在生活中要尽量学会理性消费、适度消费和开源节流。只有细水长流，才是积累资本的最安全、最平稳的途径。同时，也不要忘了时常学习财务知识，学会管理家庭财富，让钱生钱，让小钱保障大钱，以实现财富自由，收获幸福人生。

通胀和通缩

中信建投前首席经济学家周金涛曾经指出："人生发财靠康波。"这句话蕴含着深刻的意义。所谓"康波"指的是康德拉季耶夫周期理论，这是一套用于解释经济波动的经济周期理论。许多时候，我们似乎认为赚钱或亏钱是运气的问题，但从更深层次观察，往往是经济周期在起作用。

经济周期

相信很多人都能感知到经济周期的存在：在某个时期内，似乎人人都手头宽裕，商场内人潮涌动，朋友圈里都在秀旅游和美食的照片；然而不久之后，街头又变得冷清，连朋友聚餐也变少了。这正是由经济的涨潮与退潮所引起的，我们称之为"经济周期"。

经济周期如同季节的更迭，通常分为四个阶段：衰退、萧条、复苏和繁荣（见图1-1）。衰退期类似于初冬，商家营收下降，员工失业；萧条期则像深冬，经济形势极为严峻；但是，"冬天"总会结束，随着"春天"的到来，商业活动得以复苏；到了"夏季"，也就是繁荣期，商业活动达到顶峰，处处充满活力。但即便是最灿烂的夏日也终将过去，秋冬又会随之而来，这样循环往复，就构成了我们所说的"经济周期"。

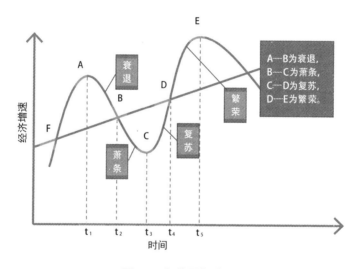

图1-1　经济周期演示

让我们深入探讨"通胀"与"通缩"这两个经济现象。通胀指的是物价的持续上升趋势，你每次在超市购物时的那种"100元钱买不了多少东西"的感受就是它的体现。而通缩则是物价的持续下降过程，在这种情况下，商家通常会提供折扣以促进销售。然而，长期的通缩可能会引起消费者持币待购，因为他们认为物价可能会进一步下跌。

在分析诸如房价、工资和物价等生活中的经济因素时，关键是要识别当前的经济周期阶段。在经济的不同阶段，政府和企业的决策，以及市场的反应模式，通常会有显著的区别。

值得注意的是，经济周期理论有多种，可以根据每一个周期的时间长短分为三个主要体系：40～60年的康波理论，15～25年的库兹涅茨周期理论和8～10年的朱格拉周期理论。

理解经济周期对我们每个人来说都是至关重要的。它不仅关乎投资和财富增长，更重要的是，它能帮助我们更好地规划生活，做出明智的决策关键是在正确的时间做出正确的行动。

因此，了解经济周期也是认识经济规律和技术变革趋势的一部分，它能帮助我们把握时代赋予的机遇。

现在是通胀还是通缩

判断宏观环境是通胀还是通缩主要可以参考表1-1中的定义与指标。通胀时相对赚钱容易，通缩时相对赚钱难。

表1-1　通胀和通缩指标

概念	定义	指标
通货膨胀	物价总水平持续上涨	一般是指CPI增幅大于3％或生产者物价指数（PPI）增幅大于6％
通货紧缩	社会总需求不足，物价总水平持续下跌	一般是指CPI环比连续负增长6个月

　　然而，当前的情况却有些复杂。根据 2023 年的相关数据，我们可以发现：目前通胀和通缩是同时发生的，上层在通胀，底层在通缩。一方面，M2 涨得非常厉害，货币超发；另一方面 CPI 又一直处于一个较低水平，2023 年直至七八月才扭转上半年的负值趋势。

　　为何会出现这样似乎矛盾的经济现象呢？关键原因在于新增的货币没有流向普通民众。通胀通常基于这样一个前提：大部分人拥有足够的消费能力，即需求超过供给。而目前的通缩现象产生的根本原因在于供应过剩导致了商品价格的普遍下跌。

　　新增的货币主要在经济的上层流通，导致储蓄量创下新高。根据央行的数据，2023 年上半年，人民币存款增加 20.1 万亿元，同比多增 1.3 万亿元。[①] 这大量的储蓄并未流向投资或消费领域，而是沉淀在了银行中。

　　同时，我们也看到了上层资产的通胀。对于富裕阶层而言，随着货币价值的下降，他们更倾向于购买资产和奢侈品，这甚至推动了奢侈品市场的繁荣。然而，这样的通胀并不是传统意义上的通胀，因为富人实际上并不需要这些资产，他们购买这些资产仅仅是为了保值。

　　与此相反，底层社会所经历的通缩则是实际存在的通缩，表现为工资下降和消费能力减弱。其连锁反应包括销售停滞、工厂利润下滑，进而导致裁员和减产。工人的失业会进一步加剧市场的萎靡，最终导致整体产能的下降。市场上物资短缺，人们的购买力也随之减弱。

　　可以看到，通胀和通缩有可能并存。因此，在评估当前的经济状况

---

① 中国人民银行.2023年上半年金融统计数据报告[EB/OL].（2023-07-11）[2024-04-24].
http://www.pbc.gov.cn/goutongjiaoliu/113456/113469/4988947/index.html.

时，我们需要综合考量包括经济增长、物价趋势、货币供应量等在内的多种因素，并不能单一地依据某个因素来做出判断。经济周期、通胀与通缩都是经济学中的重要概念。深入理解这些概念及其相互关系，对我们更准确地把握经济形势、政策导向，以及做出更明智的财务决策都至关重要。

接下来，本书将从以下四个方面帮助大家应对"钱包缩水"的问题。

首先是提升我们的财务智商。这意味着加强对财务知识的学习，培养对资产与消费的深刻理解能力。只有当我们真正明白金钱的价值，并将这一理念转化为实践时，我们才能消费得更理智、投资得更明智。

其次，要制定明确的财务规划。这包括依据家庭财务状况和财务目标来分类消费，减少不必要的开支和负债，同时建立一个可行的财务规划。定期检查和审视我们的预算，并根据结果进行必要的调整，以确保家庭的收支平衡，保持"钱包"的稳定。

再次，改变我们的消费习惯。提高消费效率，避免不必要的开支，可以通过精细化家庭记账来实现——审视不合理的购买行为，并改善消费结构。同时，学习和采用有效的储蓄策略，以达到节约的目的。

最后，学会利用金融工具。不同的金融工具可以满足不同的需求。我们将深入探讨如何将这些工具结合使用，以实现个性化的财务目标。

总结来说，我们的财务状况并非无法改变。面对财务挑战，首先要做的是储备财务知识和提升财务智商，从思想上保护我们的资产。其次，明确财务规划，并基于学到的知识做出计划，用科学的方法管理个人和家庭的资金。最后，通过改变消费习惯，从实际行动上节流，积累财务管理的基础资金，确保家庭的经济安全。

02

如何保卫我们的钱包

认识财富

理财就像一场战役，胜利可以带来丰厚的收益，而失败则可能导致巨大的损失。为了增加成功的机会，我们就要在投资和理财之前做好万全的准备，绝不能轻易参战。因此，学习一些基本的理财知识是至关重要的。而更重要的是，理财，不仅仅关乎如何投资赚钱，它的核心是如何保护和管理我们的财富。

财富的本质

财富可以理解为个人或家庭拥有的物质财产，包括现金、房产、理财产品及其他财产。然而，对此更深刻的理解是，财富是具有价值的现有资产，同时也是未来购买力的储备。

以松鼠过冬的例子来说明：松鼠在夏天采摘了大量食物，但并不会每天都把食物吃光。相反，它们会将多余的食物储存起来，以备不时之需，特别是它们需要度过食物稀缺的冬天。这些储存起来的食物就代表了松鼠的财富，它确保松鼠在困难时期不会被饿死。

此外，财富也涉及精神层面。除了满足基本需求和欲望外，拥有财富还能够让人获得社会的尊重和认可。财富不仅仅是为了满足生活需求，还可以为个人带来更高的社会地位和更强的满足感。

因此，财富不仅仅是物质性的，还涉及储备未来购买力和提供精神层面的满足感。这有助于我们更全面地认识财富的多重含义和价值。

理财是一种观念

理财是一种观念和实践，不是有钱人才需要进行的活动。不同的人的财务状况和资金水平各不相同，但理财的观念和技能对每个人来说都具有重要意义。理财的重要作用体现在四个方面：

第一，更好地了解自己的财务状况。通过理财，个人能够清晰地了解自己和家庭的财务状况，包括收入、支出、储蓄和投资等方面。这有助于避免财务混乱和失控。

第二，有策略地进行财务管理。理财使个人能够有计划地管理个人和家庭财产，确保资金的合理分配和使用，同时保值增值。这包括制订预算，规划储蓄目标和投资计划等。

第三，获得长期的收益，提升生活品质。通过制定理财策略，可以实现资产的增值，为个人提供更好的生活品质。

第四，应对风险。提前做好理财规划可以帮助个人应对生活中可能遇到的风险，如突发支出、失业或健康问题等，以便维持稳定的日常生活。

无论财富多少，理财都不仅仅是管理财富的手段，还可以为个人提供许多实际的益处。理财可以保障财务健康，实现财务目标，提高生活品质并规避潜在的风险。因此，每个人都应该认识到理财的重要性，学习并实践相关的理财原则。

理财 = 投资 + 管理

理财并不意味着单纯的投资。为了明确这两者之间的区别，我们需要从定义上加以区分。

投资是一种将资金投入理财产品以期望未来获得增长的手段。而理财涉及对个人整体财务状况（包括资产和负债）的全面管理，目的在于资产的保值和增值。

可见，理财的范围比单纯的投资赚钱要广泛得多。它确实包括了投资，但不限于此。具体来说，理财主要包括以下三个方面：

第一，资金积累，包括合理管理资金以减少不必要的开销和寻找更多的收入来源以增加储蓄。这是理财的基础阶段，目的是为投资和进一步的理财活动积累必要的资金。

第二，资金增值，指通过将积累的资金投资于基金、债券、股票等理财产品，以期获得良好的回报并实现资金增长。

第三，资金保护，主要涉及风险管理。除了资产管理，尤其是投资，还需要预防潜在的风险，以确保不会因突发事件而导致财务损失。保险是实现资金保护的一种常见且关键的方式。

简而言之，理财是一个全面的资产管理过程，包括从基础的积累资金，到资金的增值，再到资金保护的每个步骤。

理财需要长期坚持

理财是一个长期的过程，它要求我们有持之以恒的决心和耐心。许多人在理财过程中会感到沮丧，因为可能付出了巨大努力，获得的收益却不如预期，因而逐渐失去继续理财的热情。然而，他们可能没有意识到，收益不足很大程度上是与时间相关的。理财的真正价值在于时间的累积，而长期坚持是成功的关键。

无论选择何种理财方式，短期内都不太可能实现巨额回报。市场本身就充满了波动，许多投资人在初期就被这种起伏所打倒。长期坚守才是应对市场低谷的最佳策略，只有那些坚持到底的投资人才能获得最后的成功。

为了培养长期理财的习惯，我们需要从认知上摒弃一夜暴富的幻想；同时，制定并坚持长期的理财策略。

总的来说，理财并非简单的投资行为，它是对我们财富的全面管理，目的在于保护和增加资产。因此，理财不应被视为短期行为，而应是一种长期规划。

"钱包"的一生

从出生起，无论是自发还是被迫，我们的生活就围绕着金钱转。一方面，我们需要努力赚钱；另一方面，我们又不得不应对各种花销。有趣的是，虽然赚钱和花钱这两种需求始终并存，但它们并不总是同步的。这是因为在人生的不同阶段，我们面临着不同的开支需求，而赚钱的速度却并不总是与之同步。我们在花钱和赚钱方面都会经历高峰和低谷，而且这两者往往不同步，这就导致我们经常不自觉地使用各种金融手段来解决财务问题。

如果我们能深刻理解这一点，并提前做好规划，相信我们的生活会更加美好、更加从容。这就要求我们不仅要理解金钱本身，还要理解财富的真正意义，并学会有效利用各种金融工具。

财富生命周期的阶段性

从出生起，我们就开始与金钱交往。良好的理财规划对我们个人和家庭的幸福至关重要。下面，让我们通过"草帽曲线"来理解不同生命周期阶段的财富特征。

如图 2-1 所示，人生大致可分为三个阶段。

第一个阶段是教育期（出生至 25 岁左右）：这是成长的时期。在这一阶段，我们依赖父母的经济支持来成长，并完成学业。

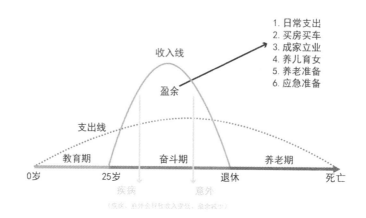

图2-1 草帽曲线

第二个阶段是奋斗期（25至60岁左右）：这是我们人生的黄金时期，也是积累财富的关键阶段，同时我们需要应对结婚、购房、抚养孩子、赡养老人等各种开支。

第三个阶段是养老期（60岁左右至死亡）：逐步退出工作岗位后，我们依赖奋斗期积累的财富来支持退休生活。

这个周期包含两条重要的曲线：支出曲线和收入曲线。

支出曲线贯穿我们整个人生，代表生活中不断变化的消费需求。而在教育期和养老期，我们的收入较少，因此收入曲线主要体现在奋斗期。将这两条曲线结合起来，我们得到一个类似草帽形状的图形，即"草帽曲线"。它揭示了一个重要的现实：我们需要用35年的收入来支持第二和第三阶段的漫长人生。

因此，提前进行理财规划至关重要。这不仅为我们当前的生活提供保障，还能确保未来的生活质量。合理的规划包括购买必要的保险为养老做准备，以及通过合理的投资保证资金安全和现金流的持续。这样，我们就能在晚年享有稳定的财富保障，确保生活安逸舒适。

在"草帽曲线"的基础上，图2-2展示了被动收入对我们财务生命周期的影响。被动收入，通常被定义为无须投入大量时间和精力就能自动生成的收入，有时也被称作"睡后收入"。加入这一持续的被动收入来源后，我们的财富蓄水池将得到持续的补充，因而整个曲线呈现出类似鸭舌帽的形状，被称为"鸭舌帽曲线"。

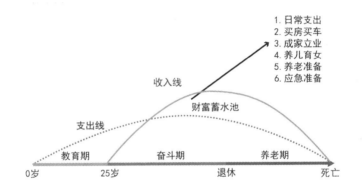

1. 日常支出
2. 买房买车
3. 成家立业
4. 养儿育女
5. 养老准备
6. 应急准备

收入线

财富蓄水池

支出线

教育期　　奋斗期　　养老期

0岁　　25岁　　退休　　死亡

图2-2　鸭舌帽曲线

通过拥有被动收入，我们的财富蓄水池将变得更大更深。一般而言，当每月的被动收入超过每月支出时，就达到了财务自由的状态，这是许多理财人士的终极目标。

要实现财富自由，除了努力增加主动收入，我们还需要将"草帽曲线"转化为"鸭舌帽曲线"。这意味着我们不仅要追求资产增长，更重要的是提高资产的增值能力，延长被动收入的持续时间。如此，我们才能在晚年享受到财富自由所带来的幸福感和满足感。

从"草帽曲线"到"鸭舌帽曲线"：理财的必要性与金融工具的运用

"草帽曲线"描绘了我们人生中承担责任的漫长过程，赚钱的时间只有年富力强的那些年，消费却贯穿一生。在现代社会的快速变化中，我们面临着通货膨胀、物价上涨、消费主义盛行以及公共福利不足等问题。这些挑战使得传统的财务智慧不再适用，而与此同时，裁员和就业压力持续加剧。因此，许多人开始追求财务独立，"理财"逐渐成了一个越来越重要的话题。

那么，为什么理财至关重要呢？理财的目的是通过合理安排负债和盈余资金，调整整个生命周期中各时期的收支差额，提高家庭财富效能，从而最大限度地满足个人和家庭的长期需求。这实际上意味着从"草帽曲线"到"鸭舌帽曲线"的转变，也就是实现财富自由的过程。

要实现这一目标，关键在于构建一个可自由支配的收入现金流，即建立一个由多个渠道持续带来收入的结构，且无须大量时间和精力投入。这就像建一个水电站一样：一旦建成，只需定期维护，便能持续获得电力供应。

应对策略

在与"钱包"打交道的一生中，我们应该如何确保财务状况的稳定和安全？《史记》中的一句话"无财作力，少有斗智，既饶争时"，精练地概括了我们与财富交往的不同阶段应该采取的策略。

第一个阶段是青年时期。这一阶段的核心是自我提升和资金积累。虽然这一阶段我们通常财力有限，但此时的关键在于通过增长知识和技能来提升收入潜力。此时投资自身的回报，往往高于其他任何形式的投资回报。

第二个阶段是中年时期。进入中年后，大多数人达到了职业生涯的稳定阶段。尽管收入持续增长，但增速可能放缓。此时，手中的资金可能达到人生巅峰。此时的关键在于进行合理的资产配置，让钱生钱。不同的家庭背景、收支状况和投资预期决定了每个人的财富规划和资产配置方案将有所不同。

第三个阶段是晚年时期。晚年的资产配置应注重稳健和传承，目的是保持稳定的现金流，减少短期波动风险。对于财富积累较多的人，还需考虑财富传承的问题，例如设立家族信托或保险金信托。

总而言之，在人生的每个阶段，我们的财务策略应随着时间的推移而调整。为确保自己和家庭的长久幸福，我们在青年时期应重点投资自己，中年时期应关注资产配置以跑赢通货膨胀，而晚年时期则需更注重资产的稳定和传承。

搭建家庭财富金字塔

合理的理财规划对每个家庭都至关重要。但财务规划不是简单地积攒资金，也不局限于单一的投资行为，如购买房产或投资股票和基金。理财规划是一个全面和动态的过程，它要求我们深入了解家庭的具体需求，并根据这些需求不断调整家庭的资产配置。

这个过程涉及对家庭财务状况的全面分析，包括收入、支出、债务和资产。理财规划的核心在于找到一个平衡点，既满足当前的生活需求，又为将来的不确定性做好准备。这可能意味着需要运用多种投资工具进行分散投资，以达到风险分散和收益最大化的目的。同时，它也要求家庭成员之间进行有效沟通和共同协作，确保整个家庭的财务目标一致且现实可行。

因此，理财规划不是一成不变的，它应随着家庭成员的年龄、生活阶段及外部经济环境的变化而不断调整。

财富金字塔：个性化的家庭理财策略

个人和家庭可以借鉴"马斯洛需求层次理论"，通过"财富金字塔"来规划和管理财富。这个模型基于不同金融工具的流动性和收益性，帮助我们根据自身理财需求来选择合适的资产配置方式。如图 2-3、图 2-4 展示的是两个金字塔模型。

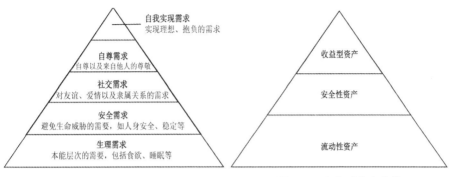

图2-3　马斯洛需求金字塔　　　　图2-4　家庭财富金字塔

有了这个模型之后，财富管理问题就变成 3 个子问题，分别是用多少钱满足日常开支的流动性需求，用多少钱作为安全屏障以支撑长期开销，以及用多少钱作为投资性资产追求高收益。

1. 流动性资产（金字塔底层）。这是金字塔的基础，主要是指日常生活所需的资金。这部分资金用于满足衣、食、住、行等日常开支及作为应急备用金。大多数家庭将 10%～50% 的资金分配于此，通常以存款和货币基金等形式存在，以保证资金随时可用。

2. 安全性资产（金字塔中层）。这部分资产承担着保障家庭资产安全的角色，主要是为了让资产不贬值，同时保障未来 5 年或更长期的计划性支出。家庭可以将约 30% 的资产分配到这一层，其途径主要有购买保险产品、长期理财产品和基金定投等，旨在获得稳定收益，同时保证资金安全。

3. 收益性资产（金字塔顶端）。这是追求高收益的资产层级，适合于已经稳固了金字塔底层和中层的家庭。在这一层，可以选择股票、基金等高收益但伴随较高风险的投资，通常占家庭资金的 20% 左右。这部分资产的主要作用在于追求高收益，但同时需要考量自身的风险承受能力和投资经验。

通过搭建这种"财富金字塔"模型，家庭可以在控制整体投资风险的同时，实现资产的合理配置和超额收益。同时，这个模型也为家庭提供了风险防御机制，确保在面对市场波动时，家庭财务状况能够保持稳定。

标准普尔家庭资产象限图：家庭理财的 4 个关键账户

标准普尔家庭资产象限图为我们提供了一个家庭财务管理的框架，它将家庭资产划分为 4 个不同的账户，每个账户代表了不同的财务状况和投资需求，如图 2-5 所示。

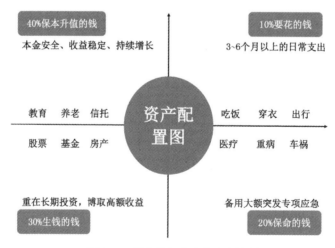

图2-5　标准普尔家庭资产象限图

第一个账户是要花的钱。

即日常开销账户，大约占家庭资产的 10％，用于保障家庭的短期开销，如日常生活、买衣服、美容、旅游等。

这个账户的钱通常放在方便灵活取用的理财工具中，比如活期储蓄、余额宝货币基金等。

第二个账户是保命的钱。

即杠杆账户，大约占家庭资产的20%。这是为了以小博大而设立的，通常用于应对突发的大额开支，如意外伤害、重疾保险、医疗费用等。这个账户必须专款专用，只有这样，当家庭成员出现意外事故、重大疾病时，才能有足够的钱来应对突发事件。

这个账户的钱可以主要用来购买意外伤害、医疗和重疾等各类保险，因为只有保险才能以小博大。例如你花费200元购买一份意外保险，一旦意外发生，也许就能换来10万元甚至数额更高的意外赔偿。

第三个账户是生钱的钱。

即投资收益账户，大约占家庭资产的30%，通常可通过投资股票、基金、房产、公司股权等方式为家庭创造收益。这个账户的钱可能会涉及一定的风险，需要有合理的占比，也就是既要赚得起，也要亏得起，即使亏损也不会对家庭产生致命的打击。另外，也要注重投资策略，这样才能保证家庭财富的稳健增长。

第四个账户是保本升值的钱。

即长期收益账户，大约占家庭资产的40%。这是为了保障家庭成员的养老、教育等长期需求而设立的。

这个账户的钱一般用于投资债券、信托、养老金、子女教育金等。这部分资产是家庭财富的保障，需要合理配置以保证家庭成员的生活质量和未来发展。

基于这个账户的作用主要是保本升值，因此一定要保证本金不能有任何损失，并要能抵御通货膨胀的侵蚀，所以收益不一定高，但需长期稳定。

上面比较清晰地讲解了关于家庭资产的合理配置方案，不一定要照搬上述的配置比例，但却可以借鉴，并根据自家的财务状况和投资需求，制订合理的家庭理财计划，实现财富的稳健增长。

家庭财富金字塔其实也可以按四个钱包进行划分：保障层（保命的钱）、保值层（要花的钱）、投资层（保本升值的钱）及投机层（生钱的钱），面积大小代表对家庭重要性的大小，如图 2-6 所示。

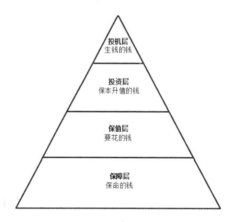

图2-6　家庭财富金字塔

中国家庭财富的特征

中国家庭财富具有以下三大特征。

第一，房产占比高。在中国，许多家庭的主要资产集中在房地产上。

调查显示，从 2013 年至 2017 年，家庭总资产中房产的比例从 62.3％上升至 77.7％。[①] 房地产市场的高速增长在过去 20 年间吸引了许多投资者。近期，房地产市场开始下行，这种高度集中的资产配置将资产暴露于房地产市场波动的风险中，一旦市场动荡，这些家庭就可能遭受重大损失。

第二，保险意识薄弱。很多中国家庭缺乏对保险的足够重视。这种薄弱的保险意识可能是因为抱有侥幸心理，或源于对保险的误解，或认为保险是不必要的奢侈。然而，保险作为一个重要的风险管理工具，可以通过花费较小的费用来提供大额的财富保障，帮助家庭更有效地应对各种风险和挑战。

第三，财商缺失。许多中国家庭在理财方面的知识和对财富的把控能力都比较有限。这种低财商的表现包括：理财观念不强，缺乏必要的理财知识、理性的消费观念和风险意识，以及缺乏有效的财务规划。这些因素导致许多家庭在理财时难以做到系统和高效，从而影响了财富积累和管理。

搭建财富金字塔的 5 个步骤

财富金字塔的构造，可以沿用需求金字塔的逻辑。层次越低的需求，越是基础和生活所必需，越需要优先满足，这就意味着所选择的金融工具

---

① 西南财经大学中国家庭金融调查与研究中心.中国家庭金融资产配置风险报告[EB/OL].（2016-10-28）[2024-04-28].https://chfs.swufe.edu.cn/__local/B/96/47/9B21A89D99B80321420DAD1F912_C9ABA55F_F549D.pdf?e=.pdf. 西南财经大学中国家庭金融调查与研究中心.2018中国城市家庭财富健康报告[EB/OL].（2019-01-17）[2024-04-28].https://chfs.swufe.edu.cn/__local/1/4B/0D/1205E9EED7140E549FCC440CE5B_46F704E2_BDD654.pdf?e=.pdf

或者资产需要有很高的流动性和安全性。

金字塔越往上的层级，资产的安全性递减，收益性和风险性逐渐增加。

第一步：盘点。

在搭建财富金字塔前，我们需要做好家庭财富盘点。具体而言，就是了解一些家庭财务状况的重要指标。如目前的家庭收入（包括主动收入和被动收入），家庭支出，家庭负债情况（企业贷款、房贷等），家庭保障资产配置（保险），对投资回报率的要求，可以忍受多大幅度的波动，可以接受什么程度的亏损，等等。

第二步：规划。

根据前面的盘点，要分 3 小步来规划。

一是设立家庭财富目标。要确定你的理财目标是保证基本生存需求，实现财务安全还是追求财富增值。不同的目标对应不同的资产配置方案。生存需求更注重流动性，安全需求更注重防御风险，财富增值则更注重收益。

假如 30 岁的小王当前的目标是财富增值，那么以此为目标导向，再向前推演，就能规划出保值增值资产配置比例较高的金字塔模型。如果小王到了 55 岁变成了老王，将要退休养老了，那么此时就应注重防御风险，相对应地，他会对安全性资产有更多需求。

二是评估风险承受能力。需要评估你所能承受的风险程度，从而决定金字塔各层的资产配置比例。风险承受能力越低，底层流动性资产和中层安全性资产的比例应该越高；而风险承受能力越高，收益性资产的比例可以越大。

三是规划资产配置比例。流动性、安全性和收益性是所有理财产品都具备的属性，但不同的理财产品，拥有的属性特点是不同的。

根据家庭理财需求和风险承受能力，下面简单为大家绘制了一个表格（见表2-1）。不同家庭可以适当调整流动性资产、安全性资产和收益性资产三者之间的占比，以实现不同家庭的理财目标。

表2-1　家庭资产配置规划

类型	用途	配置参考	占比
流动性资产	满足日常生活需要，以及突发的用钱需求	现金、银行存款、可随时赎回的货币基金、人寿保险（如增额终身寿险）等理财型保险	30%～50%
安全性资产	防范突发风险和弥补损失；积累稳定的现金流，确保中长期的需求	保障账户：人寿险、重疾险、意外险、医疗险 理财账户：国债、结构性存款、中低风险的银行理财产品	20%～40%
收益性资产	追求更高的回报	股票、基金、期货、信托、房产等	10%～40%

第三步：执行。

从具体的执行层面来说的话，我们可以根据保障层、保值层、投资层及投机层等四个层次来搭建财富金字塔。

首先，位于最底层的保障层，对应的是高流动性和安全性的资产和保险。

通常来说，这一层配置的是日常生活中随时会用到的钱，要求具有较高的流动性和安全性，以及用于转移风险的钱，也就是保险。简单地理解，就是保障层要设立两个账户。

保障账户主要通过保险产品解决家庭面临的人身和财产风险，确保在面临大病、意外等风险时资产不会损失。常用的有人寿险、重疾险、意外险、医疗险和车险等，具体的配置方案可参考第四章。

生活支出账户可以是现金、银行存款、可随时赎回的货币基金，比如预留3～6个月的生活费用是一个比较安全的配置；再考虑近期的子女教育支出和突发大额支出等，该账户在全部家庭财富的占比，要求在30%～50%。

其次，位于保障层之上的保值层，对应的是高安全性、能保值的资产。

保值层通常配置的是能够跑赢通胀的理财产品。一般是信誉比较好的国债、政府债和企业债券、低风险的债券基金和货币基金、银行长期定存和大额存单、中低风险的结构性存款和理财产品，以及用于子女教育和养老的年金险等理财型保险等。

该账户的主要作用在保本和抵御通胀，即要保障收益稳定和长期增值。因此要求占全部家庭财富的20%～40%。

再次，位于保值层之上的投资层，这部分资产的收益要求相对保值层高，但风险也较大。

投资层的资金配置以基金、信托产品等为主，目的在于通过一定的投资获取收益。但同时也意味着面临较大的风险，因此这一层的资产配置应适当分散，以降低市场活动造成的投资风险。

该账户的占比较少，比例也因人而异，一般而言，建议配置的比例是10%～30%。

最后，位于塔尖的投机层，是高风险、高收益的投机资产。

这一层的占比最少，如果个人或家庭理财理念非常保守或者缺乏理财基础，也可以完全不配置。这一层一般配置的是股票、期货、外汇、房产等。

需要注意的是，投资层和投机层的投资期限一般为中长期，至少5年。因为从短期来看，市场波动会对投资收益的影响比较大，不适合大部分人。

所以，理财的顺序应当是：先保本，再保障，后投资。只有用合理的资产配置规避风险，才能保证我们达成生活目标。

但一直以来，中国人的理财观呈现出两种极端。一种是将所有资金全部砸在保障层面上，只求安稳；而另一种则截然相反，将大笔资金砸入投机层，片面追求高收益。这两种观念都可能会造成财产的流失，因此都不可取。

根据家庭财富金字塔，我们既不能让自己的家庭资产结构呈现倒金字塔形，也不能让金字塔的底部无限制扩宽，因为如果脚上的负担过重，是无法迈开步子的。因此投资者需要时不时去审视和复盘自家的投资组合，以确保家庭资产安全稳健地增长。

第四步：复盘和总结。

通过复盘和总结，投资者可以规避一些理财错误，改善自己家庭的理财规划。

具体可以包括以下几个方面。

一是检查资产配置，就是"拿着最初的设计图验收房子"。通常包括：检查各层资产的具体配置情况，看是否与最初设定的目标和比例相匹配；检查不同资产之间的关联性，看是否存在把鸡蛋放在同一个或相近篮子里的风险；检查资产的流动性和稳定性，确保风险在可控范围内。

二是评估资产运营效果，即评估各层资产的具体运营情况：投资层和投机层的实际收益是否达到预期？保值层资产的升值是否超过通货膨胀率？找出表现欠佳的资产并分析原因，考虑是否需要缩减配置。

三是重新测试个人风险承受能力。个人风险承受能力会随时间和环境的变化而变化。复盘时，我们可以定期重新评估个人和家庭的风险承受能力，检查各层资产风险是否仍然适当。

四是总结教训。总结家庭资产管理中存在的问题和不足，总结成功或失败的投资案例，并以此作为未来投资的参考借鉴，不断提高资产管理和配置的能力。

第五步：动态调整和优化。

搭建财富金字塔并不意味着一劳永逸，还要根据复盘结果，以及理财环境、风险状况和理财目标的变化，动态调整各层之间的配置比例，最大限度地平衡各层资产的风险与收益，实现总体稳健。总之，财富金字塔应该是动态的，要求我们根据外在环境和个人需求，以及前期运作情况灵活调整，争取稳当的高收益。

搭建家庭财富金字塔，前提是掌握正确的方法论，根据不同的层级划分家庭的资产配置。但也不能简单地套用公式，因为每个家庭的需求和状况都是独一无二的，只有根据自身具体情况定制合适的金字塔配置方案，并不断对此进行复盘和调整，才能让它真正发挥作用。

家庭财务规划和财务报表

家庭财务规划涉及家庭预算、财务规划、长期储蓄及投资等多个方面。通过精心制定家庭财务规划，家庭成员能够更有效地管理财产，确保家庭经济的稳定与家庭财务的安全。

家庭财务规划的制定，应该基于家庭当前的财务状况，并充分考虑资产配置、投资选择、风险及保险、子女教育，以及退休安排等不同方面。

了解家庭资产情况的 3 张表格

有效管理财产首先需要对家庭的资产和负债有一个透彻的了解。深入掌握家庭的经济情况是制定恰当的财务策略的基础。尽管财务管理可能显得有些复杂，但我们可以通过使用 3 张核心表格来简化这个过程，以便整理和查阅财务信息。

对于熟悉财务的人士来说，企业的三大财务报表——资产负债表、现金流量表和利润表——是基本知识。家庭财务管理同样有 3 张对应的表格，它们分别是家庭情况表、家庭资产负债表和家庭收支表。通过维护这些表格，我们可以轻松获取并掌握家庭的财务状况。

家庭情况表

美国理财专家劳拉·兰格梅尔设计了一份家庭情况总结表（见表 2-2）。这份表格通过 7 个关键问题，分别是 5 年期目标、收入、资产、支出、负债、技能和其他，来帮助我们快速梳理财务思路。在实施具体的财务规划时，我们可以定期回顾这张表，检验自己是否正在按照预定的目标前进，探查资产和负债的变化，以及评估开源节流策略的效果等。这张表格比企业财务报表更为全面，更适合对家庭财务进行总体概览。

表2-2　家庭情况总结表（示例）

5年预期目标：买车、买房、结婚、育儿、养老储备等目标			
收入（万元）		资产（万元）	
自己的主业	1.2	房产（自住）	187
自己的副业	0.3	其他固定资产	13
伴侣的收入	1	流动资产	10
理财收入	0.1左右	金融资产	10
收入总计	2.6	资产总计	220
支出（万元）		负债（万元）	
自己	0.5	房贷	108
伴侣	0.4	车贷	3
		其他负债	0.5
支出总计	0.9	负债总计	111.5
净收入总计（万元）	1.7	净资产总计（万元）	108.5
技能	修图、剪辑视频、写文案、做PPT、编程		
其他	两份投入额度各为2万元的增额终身寿险		

家庭资产负债表

家庭资产负债表，顾名思义，是记录家庭有多少资产，有多少负债，以及资产减去负债后，还余下多少净资产的表格。

表格的原理也很容易看出来：资产 – 负债 = 净资产

如表 2-3 所示，资产分为流动资产、金融资产和固定资产。

表2-3　资产分类表

资产分类	定义	举例
流动资产	随用随取的钱	一般是现金、银行存款、余额宝货币基金等
金融资产	用来投资的钱	一般是股票、基金、债券、信托和保险等
固定资产	有价值的实物	比如房、车、金银珠宝、商铺等较难变现且会折旧的资产

在整理固定资产时，建议区分用于投资和家庭生活的固定资产，以便评估自用资产是否过重，以及投资资产的分配比例是否合理。

值得注意的是，制表时应根据当前市场价值重新估算资产。例如汽车，若一辆车已使用3年，仍然按照购买时的价值估算，则可能导致估值不准确，从而影响表格的准确性及投资决策。准确评估最新市场价值的方法包括在线查询同户型二手房价，查看二手车网站上类似车型的估值，或直接询问专业人士。

负债则包括向银行的贷款、向私人的借款和在其他机构的债务，如花呗、京东白条等。在制表时，最好按利息率从高到低排列负债，以方便在有额外资金时优先偿还。同时，比较债务的利率和相应的投资回报率，以决定是优先还债还是投资。对于无利率的私人借款，由于涉及人际关系，应尽可能优先偿还。

举个例子，王小姐最近在长沙购买了一套价值187万元的房子，她支付了79万元的首付，其余部分为贷款。在这种情况下，资产应计为187万元，负债为108万元，净资产则是79万元（见表2-4）。

表2-4 资产负债表（示例）

资产种类	金额/万元	资产占比/%	收益率/%	负债种类	金额/万元	负债占比/%	利率/%
现金	0.5	0.23	0	房贷	108	96.86	4.10
余额宝	2	0.91	1.9左右	车贷	3	2.69	0.00
微信钱包	2	0.91	1.9左右	贷款合计	111	99.55	/

续表

资产种类	金额/万元	资产占比/%	收益率/%	负债种类	金额/万元	负债占比/%	利率/%
银行活期	0.5	0.23	0.2	信用卡欠款	0.5	0.45	不逾期的情况下是0
银行定期	5	2.27	2.2	花呗	0	0	0
流动资产合计	10	4.55	/	消费债合计	0.5	0.45	/
债券基金	2	0.91	3左右	借款	0	0	0
指数定投	1	0.45	4左右	借款债合计	0	0	0
投资基金	0.5	0.23	-2~6不等				
投资股票	1.5	0.68	0.8				
大额存单	0	0	2以上				
保单现金价值	5	2.27	3.3				
金融资产合计	10	4.55	/				
房产（自用）	187	85.00	0				
车子	13	5.91	0				
固定资产合计	200	90.91	/				
总资产合计	220	100		总负债合计	111.5	100	
净资产总计（万元）	108.5						

家庭收支表

家庭收支表主要用于记录家庭在一定时间内的收入、支出和盈余情况。通常分为月度和年度两种类型。当那些年度一次性的收入，例如奖金、分红等占比较高时，使用家庭年度收支表更为适用。

然而，更常见的是家庭月度收支表。以下我将以家庭月度收支表为例进行详细说明。

我们需要对收入和支出进行一级分类。例如：将收入分为固定收入、其他收入和投资收入，支出则分为固定支出、日常支出、一次性支出、负债支出和其他支出。这样的分类有助于我们识别收入和支出中可能存在的问题。

接下来，我们对这些具体的收支项目进行二级分类。表2-5是一个实际的示例表格，供参考。

表2-5　家庭月收支表（示例）

月收入	金额/元	占月总收入的比例/%	月支出	金额/元	占月总收入的比例/%
工资1	12000	46.15	物业	105	1.18
工资2	10000	38.46	水电	200	2.24
奖金1	0	0.00	车位	300	3.36
奖金2	0	0.00	燃气	25	0.28
工资收入	22000	84.61	网费	100	1.12
理财利息	1000	3.85	话费	150	1.68
理财收入	1000	3.85	会员	100	1.12
副业	3000	11.54	固定支出	980	10.98
红包	0	0.00	一日三餐	1000	11.21
其他收入	3000	11.54	外食	1000	11.21
			外卖	500	5.60
			水果	200	2.24
			出行	120	1.35
			停车费	200	2.24
			加油费	500	5.60
			日常支出	3520	39.45
			日清	50	0.56
			洗护	50	0.56
			化妆	100	1.12
			日用品	50	0.56
			衣服	200	2.24
			鞋包	200	2.24
			配件	20	0.22
			饰品	30	0.34
			一次性支出	700	7.84
			房贷	3123	35.00
			车位贷	0	0.00
			借款利息	0	0.00
			负债支出	3123	35.00
			其他支出	600	6.73
收入总计	26000	100.00	支出总计	8923	100.00
月结余/元	17077				

　　一般而言，当月度收入发生大变化时，可以着重看看哪部分收入增加了；当支出增大时，则可着重关注是否是一次性消费和日常消费过多。

如何分析家庭财务表

有了家庭财务报表，光记录，不查看、不分析是不行的。我们可以通过 3 个数据对家庭财务报表进行分析。

第一个数据是资产流动性比率。

资产流动性比率 = 流动资产 ÷ 月支出 ×100%

这个数据反映的是，当家里紧急需要用钱的时候，能迅速变现又不会带来损失的资产量。

资产流动性比率的参考值是 3。也就是说，你至少应该预留 3 倍开支的金额作为家庭日常备用金，并投资于能迅速套现的活期、余额宝或其他货币基金等。

如果数值低于 3，就需要控制支出或增加备用金。

如果数值远高于 3，则意味着放在低收益、高流动性产品上的资金过多，可以释放一部分去投资较长期、收益较高的产品。

第二个数据是负债收入比。

负债收入比 = 月负债支出 ÷ 月收入 ×100%

负债收入比主要评估家庭能否承担当前的负债水平。

负债收入比的参考值是 40%。如果数值低于 40%，则说明家庭目前能够应付债务；如果数值低于 20%，则可以适当增加低利率的贷款，如给房子加按揭，以抵消通胀，并投资稳定且收益率高于贷款利率的债券或理财产品；如果数值超过 40%，则意味着负债过高，已超过家庭的承受能力，要进一步控制消费、增加收入，尽快提前清掉一部分债务。

第三个数据是投资合理比。

投资合理比＝投资资产 ÷ 净资产 ×100%

投资合理比主要评估家庭通过投资让资产保值、增值的能力。

投资合理比年轻人的参考值为 20％，家庭的参考值为 50％。投资资产即金融资产和投资类固定资产的总和。

投资有风险，入市须谨慎。如果比值远超过参考值，则应适当减少投资，降低风险；如果远低于参考值，则要思考如何提升一部分资金的利用效率，以提高净资产规模。

如何编制家庭资产报表

家庭资产报表的编制主要分为两步。

第一步：收集资产和负债信息。

首先，分类梳理家里具体有哪些资产和负债。

银行对账单：去手机银行 App 或官网查看并下载月结单、期结单等，了解账户余额、存款利息、各项收入及支出明细等。这可以了解现金流动情况和家庭支出构成。

投资报告：收集股票、基金、保险、信托等投资产品的账单、报告和明细。了解各项投资的收益情况、资产配置和风险程度，为后续的投资调整提供参考。

借款合同：收集整理住房抵押贷款、个人消费贷款、信用卡、花呗、京东白条、美团月付等各项借款的合同或还款计划。确认借款总额、未偿还金额、利率及各期还款数额，防止出现逾期未还的情况。

收入证明：收集各类收入的证明，如工资账单、租金收据或收款截图、红利对账单等。了解家庭各项收入的数额及构成，为理财收入的预测提供依据。

房产证明：收集房产证、购买合同等，确认房产信息、购买价格及现在的市价等信息。房产是家庭最重要的资产，其信息对理财计划的资产评估至关重要。

收集完各类信息后，需要对信息进行整理和分类。可以建立电子或纸质表格，将同类信息集中管理，以方便查询和更新。

第二步：计算总资产和总负债，具体如下。

①确认家庭所有的资产项目，主要包括以下方面。

流动资产：统计所有现金、银行账户、微信、支付宝、零钱通、余额宝，以及其他货币基金里的余额。

金融资产：统计股票、基金、债券等投资产品的市场价值。

固定资产：参考房产证和市价评估房产价值，参考市价评估车辆、珠宝等资产价值。

②汇总每个资产项目的价值或市场价值，加总得到资产总额。

资产总额公式为：资产总额 = 流动资产 + 金融资产 + 固定资产

③确认家庭所有的负债项目，主要包括以下方面。

住房贷款：未偿还的本金余额及利息。

个人贷款：各银行的未偿还贷款本息。

信用卡和网贷债务：所有信用卡的未还款项，所有网贷的未还款项。

其他负债：私人借款。

④汇总每个负债项目的未偿还余额，加总得到负债总额。

负债总额公式为：负债总额 = 住房贷款 + 个人贷款 + 信用卡和网贷债务 + 其他负债

⑤资产总额减去负债总额，得到净资产。

净资产公式为：净资产 = 资产总额 − 负债总额

通过上述步骤，家庭资产负债表就梳理好了。

总体来说，收集信息、分类整理、统计价值和计算财务指标，是编制资产负债表和管理家庭财务的基本过程。通过此过程可以增强理财意识，整理和查看三项指标也能帮助了解家庭的财务状况，为理财投资决策提供重要依据。此外，定期更新资产负债表，跟踪财务状况的变化，也能发现问题并及时防范和调整。

如何编制家庭收支表

编制家庭收支表，我们需要先将家庭收支表的收入分为工资收入、理财收入和其他收入三大类。再补充各个类别中的具体收入项目。在制表时，月固定收入建议扣除社保、公积金、医保等不方便提取的钱，对年度盈余计算也没什么影响。

● **工资收入**

具体包括工资、奖金等。

● **理财收入**

具体包括理财利息和分红等。

● **其他收入**

具体包括红包、副业收入等。

同理，家庭收支表的支出可分为固定支出、日常支出、一次性支出、负债支出和其他支出五大类。大类下可再补充各个类别中的具体支出项目。

● **固定支出**

住房：物业费、水电费、车位费、燃气费等。

信息：网费、话费、会员费等。

● **日常支出**

饮食：一日三餐、水果等。

交通：出行、停车费、加油费。

● **一次性支出**

日用：日清、洗护、化妆、日用品等。

服饰：衣服、鞋包、配件、饰品等。

礼物：自己和家人的心愿礼物、礼金等。

其他：邮费、书籍等支出。

人情：人情往来。

● **负债支出**

如房贷、车位贷、借款利息等。

● **其他支出**

如买基金、买股票、买债券等。

当然以上也不是统一的格式，你可以根据自己的实际需要进行调整。

我们制作财务报表，不是为了单纯看自己身家多少、每年赚多少钱、能存多少钱。制表的目的，是让之后的理财决策更合理，以便更快速地获取家庭财务的改进思路。

通过梳理资产负债、收入支出，我们便能大致评估目前家庭财务是否健康，资金是否充裕。我们可以通过表2-6中的6个指标来进行整体评估。

表2-6　家庭财务健康评估表

家庭资产指标	公式	健康区间	说明
资产负债率	总负债÷总资产	20%～60%	大于0.6风格激进，小于0.2过于保守
应急能力	流动资产÷月支出	3～6倍	低于3不能保障应急，高于6浪费闲散资金
投资合理度	投资资产÷净资产	年轻人的参考值为20%，家庭的参考值为50%	远超比值的话应适当减少投资，降低风险；反之，则要提升资金的利用效率，以提高净资产规模
财务负债率	月负债支出÷月收入	小于40%	超过40%，意味着财务负债率偏高，容易影响生活质量
家庭储蓄率	净现金流入÷总收入	大于0	越高越会存钱
财富增值指标	高风险资产占比	80岁减去现在的真实年龄	越高越不稳定

总的来说，财务报表有以下功能。

"知己"：理财是为了了解自身或自家的财务状况，包括过去的、现在的，以及未来的财务规划和目标，以便在此基础上设计资产配置方案。

"改进"：财务报表能够帮助个人和家庭更快捷地看出理财中存在的一

些问题；一方面促使我们主动去解决当前的财务问题，另一方面也能加强控制支出的意识，帮助我们更好地储蓄，并且能协助做好分析预测，制订未来的财务计划，提高资金的使用效率，为个人和家庭攒下更多钱财。

家庭资产管理的原则

本节主要介绍财富管理的七大原则，希望能帮助大家更好地规划自己的生活。

原则1：安全

在财富管理中，首要原则是确保安全，而不仅仅是盈利。安全是财富管理的核心，投资和理财时应始终坚持"安全第一"的原则，积极防范风险。沃伦·巴菲特在谈及投资理财时，不断强调：第一，永远不要亏损；第二，永远不要忘记第一条。

安全原则的关键内容包括以下几个方面。

（1）投资理财需跑赢通胀，确保财富安全，以防止资产贬值。例如，10年前武汉热干面的价格与现在价格的对比显示，存款未能跑赢通胀，导致实际购买力下降。

（2）选择投资项目时，充分了解风险，适当控制风险，避免投资不适合自身的高风险项目。

（3）在投资决策中权衡风险与收益，专注于熟悉和擅长的领域，避免盲目追求高收益。

（4）购买保险产品，如人寿险、意外险、医疗险等。以此作为确保财富安全的重要措施，为自己和家人提供更全面的经济保障。

原则 2：长期

长期投资能够减少市场波动带来的影响，并产生更高的总回报。这是一种持续且理性的投资方式，与短期投资受市场波动和情绪影响的特点不同。在财富管理中，长期视角至关重要，不要仅因短期得失而改变财富管理策略。

实施长期投资策略需要注意以下几点：

（1）明确理财目标并据此制定投资策略。不同的理财目标，如子女教育金规划或养老准备需要不同的投资策略。

（2）耐心持有投资产品，避免频繁交易和追求短期利润。长期投资有助于减轻市场波动的影响，带来稳定增值。

（3）利用复利投资的力量，实现资产快速增长。

原则 3：全局

在财富管理中，全局原则强调要具备宏观视角，考虑不同资产之间的关联性，优化资产配置以实现综合效益的最大化，同时降低整体风险。

实现全局原则的方法包括以下几个方面。

（1）根据个人的风险承受能力、投资目标及个人具备的投资知识，将资金分散投资于股票、债券、基金、房地产等项目中，形成多元化的投资组合。

（2）全面分析和考虑个人在完整生命周期内对财富的需求，以及每个阶段的具体财富需求，具体如下：

第一，在工作初期，重点在于培养记账习惯和提高赚钱能力，同时配置基本的医疗险。

第二，工作5至10年后，开始进行投资和保险配置，以保护家庭免受疾病和意外的影响。

第三，工作稳定期，考虑轻创业或进行一定比例的高风险投资；

第四，退休期，重点是确保稳定的现金流，避免养老金风险和受骗上当。

（3）关注宏观经济环境，灵活调整资产配置以适应市场变化。

原则4：设立目标

家庭资产管理的目的是实现具体的财务目标，这些目标为储蓄和投资行为提供了明确的方向和指引。

设立家庭资产管理目标时应考虑两个方面：

（1）个人和家庭的财务目标。这些目标应根据家庭和个人的情况和需求设定，包括短期、中期和长期目标，每个目标都应有明确的时间表和对应的资金需求。

（2）遵循SMART原则。使用具体的（specific）、可衡量的（measurable）、可达成的（attainable）、相关的（relevant）和有时限的

（time-bound）SMART 原则来设定目标。例如，设定一个具体的 SMART 财务目标为："未来 5 年内每月存 1000 元，总计 6 万元，用于购买新车。"

原则 5：定期检查和调整

定期检查和调整家庭财务规划是资产管理的关键环节。这不仅有助于跟踪家庭财务计划的进展，还能在必要时及时调整财务计划。

检查财务状况的具体操作方法如下：

（1）定期（比如每季度或每年）检查家庭的财务状况，以了解家庭财务目标的实际进度。

（2）评估家庭的收入和支出，更新资产负债表。

（3）检查投资表现，评估保险需求。

（4）当家庭财务状况发生变化时，如收入变动、家庭成员变更或发生意外等，应及时调整财务规划，例如，调整储蓄和投资策略，修改财务目标，或更新保险计划等。

原则 6：流动性

流动性原则强调在财富管理中始终保持一部分资金的高度流动性，以应对不可预见的紧急情况。

流动性风险管理的具体操作方法如下：

（1）了解不同资产的流动性特点。例如，股票和债券通常具有较高的流动性，而房地产和私募股权的流动性相对较低。

（2）在资产配置时考虑各类资产的流动性，以确保在紧急情况下能快速变现。

（3）建立合理的应急资金储备，如将部分资金存入活期存款或货币基金中。一般建议应急资金储备为家庭月支出的 3 ～ 6 倍。

（4）在日常生活中合理安排收支，通过家庭记账和财务规划来确保生活质量和财富安全。

原则 7：开源节流

财富管理的关键在于同时实施开源和节流策略。开源意味着创造不同的投资收益渠道，而节流则是指着重加强成本控制和支出监管。两者相结合，有助于推动财富的持续增长。

实现开源节流的策略包括以下方面。

（1）提高个人收入水平。这可以通过提升专业技能、创业、从事副业或兼职等方式来实现。增加多元化的收入来源，如薪资、股息、租金等，都是实现财富增长的有效途径。

（2）合理控制支出。通过管理日常生活开销和其他支出，可以更好地保留和积累收益。这包括培养记账习惯，学会量入为出，并合理安排家庭预算，以避免浪费。

（3）关注盈余。财富的增长依赖于收入和支出之间的差额。保证持续的盈余是实现财富增长的关键。

所以，财富管理是一个综合的过程，涉及安全、长期投资、全局观、目标设定、定期检查和调整、保持流动性，以及开源节流等多个方面。在实际操作中，我们应根据个人和家庭的具体情况灵活运用这些原则，制定合适的财富管理策略。同时，理解并坚守这些原则，避免常见的财富管理误区，如盲目追求高收益或短期利益，从而确保财富的稳健增长。

定制自己的财富方案

全球资产配置之父加里·布林森曾指出："从长远看，大约90%的投资收益来自成功的资产配置。"这意味着科学合理地管理自身的财富是至关重要的。要实现这一目标，首先需要定制个人的财富方案。具备科学的方案是实现高效资产配置的关键。

了解个人财务状况

定制财富方案的首要步骤是详细了解自身的财务状况。这不仅包括对资产和负债的清晰了解，还要考虑个人的投资偏好。可以遵循以下步骤。

第一步，列出资产清单。列出所有资产，包括现金、储蓄、投资账户（如基金、股票）、保险、房产及其他可变现资产。

第二步，进行资产分类，将资产划分为流动资产、金融资产和固定资产等类别。

第三步，估算资产价值。对流动资产和金融资产按市价估算；固定资产如房产和车辆等，则需要根据市场价格进行重新估值。

第四步，列出负债清单。列出所有负债，包括房贷、车贷、信用卡欠款、个人贷款等。

第五步，对负债进行分类和排列。将负债分为短期负债和长期负债，并按利率从高到低排序，以便优先偿还高利率债务。

第六步，计算净资产。将资产总值减去负债总额，得到净资产值。净资产的正负值可反映个人的财务状况。

通过这个过程，我们可以清晰地了解个人或家庭的财务状况，为进一步的财富管理打下坚实基础。净资产的计算结果还可用于分析负债比率等关键财务指标，让我们进一步加深对财务健康状况的洞察。

定制个人财富方案是一个系统性的过程，涉及对财务状况的全面审视和分析。只有基于对自身财务状况的充分了解，我们才能做出更加合理的资产配置决策，从而实现财务目标和长期财富增长。

认识自己：你更倾向于冒险还是谨慎

你的风险偏好能反映你在面对风险和不确定性时的表现。知道自己的风险偏好，就能更好地选择适合自己的投资策略，管理好自己的"钱包"。

如果你喜欢冒险，你可能会选择投资基金、股票、期货等高风险的资产。这些投资就像坐过山车，可能给你带来更高的收益，但也可能会让你遭受巨大的损失。相反，如果你比较倾向于稳健的投资策略，那么选择投资债券、货币基金等相对稳定的资产会更有利于你获得满意的投资回报。

了解自己的风险偏好是投资理财过程中的关键一环。就像穿鞋子一样，得选适合自己的；投资也是一样，得根据自己的情况选择适合自己的投资策略。只有这样，才能在投资的道路上稳步前行。

目标设定：明确财富增长的方向

在制订财富增长计划之前，首先需要明确自己的财务目标。这些目标按照时间长短具体可以划分为短期、中期与长期财务目标。

短期财务目标通常包括支付下个月的账单，购买新的电子产品或服装等。中期财务目标可以是购买一辆车，支付学费、旅游费用等。长期财务目标则包括为孩子的教育、自己的退休养老，以及购房计划等所做的储蓄。

为了实现这些目标，我们需要制订一个详细的计划，并确保计划符合自己的实际情况。在制订计划时，要考虑自己的收入和支出，以及投资回报和风险管理等因素。同时，要定期调整计划，以适应自己的需求和其他情况的变化。

财务目标按照用途又可以分为：为退休做准备的资金、教育费用、紧急资金和其他近期计划等，具体如下。

第一，为退休做准备的资金：这个目标是为了确保我们在退休后仍能享受高质量的生活。考虑到大多数人在60岁左右退休，而预期寿命约为80岁，因此我们需要为大约20年的退休生活做好准备。这意味着在我们的收入较高时，就应该开始为退休做储备。

第二，教育费用。对于有孩子的家庭来说，为孩子的高等教育或进一步学习做资金准备是很重要的。这种财务目标通常需要进行长期计划，并且其风险承受能力相对较低。

第三，紧急资金。这是为了应对那些难以预测的突发情况，如医疗紧急情况或其他突发事件而设立的资金储备。

第四，其他近期计划。这类目标通常是为了满足家庭的某些短期需求，如假期旅行或其他特殊活动等。

三种策略

投资目标设定好后，就要开始制定落实目标的策略。有以下三种常见策略。

策略一：鸡蛋不要放在同一个篮子里。即不要将所有的资金都投入一个投资品种中，而应该分散投资到多个投资品种中。这样做可以降低风险，避免因为某一个投资品种的剧烈波动而造成重大损失。

策略二：高回报可能伴随高风险。收益越高，风险也越高。在投资时我们要注意平衡收益和风险，不要把钱全部投入高风险的投资项目中。

策略三：找专业的机构。如果投资金额较大或者对投资不太熟悉，可以考虑寻求信托等专业机构的帮助。专业机构可以提供专业的投资建议和服务，帮助投资者更好地管理资产。

总之，制定投资策略需要考虑多种因素，我们要理性、客观地评估自己的风险承受能力和投资目标，切忌盲目跟风或者听信传言。此外，保持冷静的心态也是至关重要的，不要被短期的高收益所迷惑，要注重长期稳定的收益回报。

了解基本的投资工具

制定投资策略后，还要选择合适的投资工具。在选择时，我们要注意不同类型投资工具的特性和风险。以下是一些基本的投资工具及其特点和风险。

第一是现金等价物，包括活期存款、可灵活取用的定期存款、货币市场基金。其主要特点是风险低、收益低，但具有较高的流动性，确保资产能被随时取用。

第二是固定收益投资，主要包括政府和企业债券、持有到期的定期存款及货币市场基金。这类资产通常风险较低，能在投资组合中起到稳定资产价值和现金流的作用，适合风险厌恶型投资者。

第三是增长型投资，包括股票和投资基金等。这类资产通常具有较高的风险和潜在的高收益，适合追求长期增长的投资者。房地产投资通常需要较大的初始资金投入，且流动性较低；而股票和基金则因其市场波动性较大，风险和收益并存。

第四是保险产品。这类投资工具主要提供风险保障，种类包括人寿保险、健康保险、意外伤害保险和各种财产保险。投资者通过购买保险，不仅可以获得风险保护，部分保险产品还可能带来投资回报。

我们可以看到，定期存款和货币市场基金在不同的分类中都有提及，这主要是因为它们在不同的投资组合中具有多重功能。

制订理财计划

制订一份详细的理财计划可以遵循以下步骤。

1. 明确目标和目标实现的时间期限。

2. 选择合适的理财方式和金融工具。

每个人的风险承受能力和偏好不一样，要选择适合自己的方式和工具。

3. 选择合理的资产配置。

根据自己的目标和实现的期限，配置不同属性的资产和金融工具。

4. 开始执行。

订好计划以后，就要按时定量地执行，不要随心所欲地修改和调整。

5. 调整计划，继续执行。

在计划执行一个阶段或者一个周期之后，根据自身情况和市场变化，看是否需要调整。如果需要，做出调整后再继续执行。

最好的投资就是投资自己

有人曾问沃伦·巴菲特："人生最好的投资是什么？黄金、股票还是买房？"巴菲特果断回答："其实，人生最好的投资，就是投资自己。"

巴菲特年轻时就展现出杰出的投资才能，但他意识到自己缺乏演讲技巧，这可能会阻碍未来的事业发展。为此，他决定报名参加戴尔·卡耐基的公开演讲课程，这成了他人生中的一个重要转折点，在很大程度上影响了他的投资事业。通过这个课程，巴菲特学会了如何自信地在人群前演讲，这个宝贵的技能让他能够在商业会议、股东大会和媒体采访中自信地表达他的投资理念和策略，从而赢得了更多的支持和信任。巴菲特后来回忆说："那个课程改变了我的人生。我花了100美元买了这门课程，这可能是我做过的最好的投资。"

正确地投资自己可以带来无法估量的回报。这种投资不仅包括提升专业技能，也包括增强人际交往能力、提高健康状况、发展个人兴趣等各个方面。这就是为什么巴菲特坚持说"最好的投资，就是投资自己"。

在投资世界中，许多人都在寻找最高回报率的投资机会。但是，他们常常忽略了一个最可靠、回报最高且最可控的投资目标——那就是自己。投资自己的好处具体包括以下几个方面。

首先是高回报。投资自己，无论是提升技能、学习新知识还是改善健康状况，都可以带来高回报率。例如：增强技能可以开启新的职业机会，提高收入；投资健康可以延长工作时间并提高生活质量。

其次是可控性。我们无法控制股市的涨跌、房价的升降，但我们能掌控如何提升自己。我们可以选择学习什么，提升哪些技能，如何保持身体健康，等等。这种可以直接掌控投资结果的特点，使得投资自己成为一种风险相对较低的投资方式。

再次是持久性。投资自己的回报往往是长期的。一旦我们掌握了一项新的技能，或者养成了健康的生活方式，这些投入带来的益处就会在未来的日子里持续产生回报。

最后，投资自己所获得的益处是一种无形资产。我们掌握的技能、知识，拥有的健康身体，甚至人脉，都是无形的资产。这些无形资产不受经济周期的影响，一旦拥有，就能受益终身。

总的来说，投资自己确实是一项非常重要且无可比拟的投资决策。它涵盖了多个方面。首先是投资自己的能力。提升个人的知识和技能水平。可以通过接受高等教育、职场培训，获取专业认证，探索新知识领域和提升财务智商来实现。这些努力不仅增强了我们的职业竞争力和薪资潜力，还为未来的职业生涯奠定了坚实基础。其次是投资自己的人脉。有效的社交网络对职业发展和个人生活至关重要。积极建立与不同行业人士的联系可以开拓更多的机会和资源。同时，与积极向上的人建立联系，能够对个人的价值观和行为产生积极影响，促进个人成长。最后是投资自己的健康。健康是无价之宝。维持健康的生活方式，包括规律运动、均衡饮食和关注心理健康，是获得长期幸福和成功的关键。良好的健康状况是实现个人目标和梦想的坚实基础。

投资自己是一个需要耐心和毅力的长期过程。持续的学习、成长，在特定领域内达到精通，以及建立有价值的人际关系，都需要时间和努力。然而，这种投资会在职业和个人生活中给我们带来长期的回报和满足感。从任何角度来看，投资自己都是最明智的选择。

03

存好要花的钱
——活钱账户

在接下来的几章中，我将详细介绍四种具有不同作用的账户。

首先，我们来探讨"活钱账户"。这个账户不仅是财务管理的基础，而且在其中扮演着最重要的角色。活钱账户主要用于处理个人或家庭的短期开销，账户内的金额一般相当于 3～6 个月的日常支出。这些支出涵盖了日常生活中的各种费用，包括餐饮、购物和旅游等。有时您可能希望在账户中存入相当于 12 个月开销的资金，但是请注意，如果这部分资金所占比例过高，和过低一样都可能会带来一些问题。因此，我们需要根据实际情况合理制定预算，并严格记账。同时，我们还需适度控制消费欲望，避免不必要的花费。如果账户中有剩余资金，我们可以考虑将其存入银行或投资于一些具有较高变现能力和流动性的产品。

好好存钱：几种实用的存钱法

我们从知名主持人窦文涛的故事开始讲起。

年轻时的窦文涛非常珍视自己的公众形象，为此，他从不接商演和广告。在日常生活中，他对钱的态度也相当随意，该花的时候就花，因此几乎没有任何积蓄。

直到他的母亲生病住进重症监护室，每天需要支付大量的医疗费时，他的观念发生了改变。他意识到，如果一个人有高收入但没有积蓄，那么他的经济基础仍然是很脆弱的。

从那时起，窦文涛开始接受那些他曾经看不上的活动，包括广告、商演，甚至是客串婚礼主持人。尽管他依然觉得这些活动有损形象，但他知道每多一点存款，就意味着能多给母亲几天的生命。

往往只有当意外和紧急情况发生时，我们才会意识到储蓄的重要性。钱是安全感的重要来源。充足的储蓄意味着充分的抗风险能力。懂得如何节约和合理安排金钱，将其用在真正重要的事情上，是对自己人生的最大负责。

因此，我整理了 10 种有效的储蓄方法。读者们可以根据自己的特点和需求，选择适合自己的储蓄方式。

52 周存钱法

52 周存钱法简单来说，就是分 52 周递进存钱。

一年可分为 52 周，我们可以约定在每周一存一笔钱。例如，在一年的第一周存 10 元，第二周存 20 元，每周递增 10 元，以此类推，到第 52 周存入 520 元。一年累计可存入 13780 元。

这种的存款方式不会有太大的压力，存款最多的一个月也才 2020 元钱，适合月光族，学生党，职场新人，想存点私房钱的宝妈、宝爸等。

你可以专门准备一本记录本，详细规划 52 周的存款计划，并每周记录一次。另外，也可以利用支付宝的存钱小程序，在线记录存款过程，而且这样的话，所存款项还能获得跟余额宝等同的存款收益。

10％存钱法

"10％存钱法"是将每个月个人收入的 10％存入储蓄账户或投入其他投资渠道，剩余的用于支出。这样长期坚持下去，有助于养成良好的储蓄习惯。

这种储蓄方法操作简单，存款压力也小，适用于月光族、学生和低收入人群。事实上，这种方式对于任何低收入者来说都是可行的。将薪资的 10％用于储蓄并不会显著影响个人的生活质量。以一年为一个周期，长期坚持的话，这种积少成多的储蓄方式能够创造出一笔可观的现金资产。

每月按天倒数法

"每月按天倒数法"是以一个月为存钱周期，按照递减的金额进行储蓄的方法。比如，一个月有 30 天，那么第一天存 30 元，第 2 天存 29 元，直到第 30 天存 1 元。一年下来可存下 5500 多元。随着时间的推移，存款金额逐渐减少，也减轻了压力，更容易坚持下去。

这种储蓄方法适用于青少年，通过逐步降低存款金额的方式，有助于培养他们的储蓄意识，并且帮助他们建立起良好的储蓄习惯。

固定月生活费存钱法

"固定月生活费存钱法"是在每月收到工资后，将固定金额留在银行卡中作为生活费，将其余金额全部存入另一个账户的存钱方法。假如月薪6000元，每个月拿出3000元用作生活支出，剩余的存起来，一年就可存下3.6万元。

我也采用了类似的储蓄方法，每月只在银行卡中留下4000元，并且当月的所有支出都通过这张银行卡进行。这种方法可以限制消费、强制储蓄，能有效管理生活费用，同时将多余的资金存起来，适用于工资不高、物欲较低的人群。

基金存钱法

"基金存钱法"是一种强制储蓄的方式，可以在基金账户设定基金定投计划，在每周或每月的固定时间自动扣款。基金有涨有跌，一般不会轻易取出。定投的风险较小，可获得较高收益。假如设置核心宽基指数ETF（比如中证500ETF）周定投500元，一月可存2000元，一年共可存2.4万元，不过这个金额可能会随基金价格的涨跌而增减。

这种方法适用于有一定理财能力的人群。我个人也采用了这种方法，在每月工资发下来后，将大头全部转进基金账户，每周定投，分散风险，这样更有可能获得较高收益。

阶梯存钱法

"阶梯存钱法"适合存款较多的人群。它将个人资金分成若干份，分别买入 1 年期、2 年期和 3 年期的定期存款。当存款到期时，再通过转存，将每笔资金再投入 3 年期或其他期限的定期存款。这种方法既确保了存款的收益性，又具有一定的灵活性，能够方便灵活地应对突发的资金需求。

"阶梯存钱法"的收益可以这样理解：假设小王有 3 万元，将其分为 3 个 1 万元，分别存入 1 年期、2 年期和 3 年期定期存款，到期手动转存。假设银行的 1 年期利率为 1.85％，2 年期为 2.4％，3 年期为 2.95％。1 年期存款到期之后，把其转存为 3 年期；2 年期存款到期之后，也转存为 3 年期；3 年期存款到期后，继续转存为 3 年期存款。这样，接下来每年都有一笔 3 年期的存款到期。一方面每年都有一笔钱应急，另一方面能享受 3 年期的高利率。

心愿存钱法

心愿存钱法是先设定一个心愿和目标金额，再不定期地往里面存钱。达到目标金额后，再去实现这个心愿。这种方式的好处是用愿望驱动存款，动力比较足。

比如我之前一直想买一台单反相机，我就在支付宝设定了一个心愿，目标金额是 4300 元。301 天后，我就存到了这笔钱，顺利地买了单反。

定制自己的存钱方法

如果你看完上面的方法，觉得都不太适合自己，也可以根据以下几个关键步骤，量身定制自己的存钱方法。

第一，建立预算——了解自己的收支。

我们可以根据存钱目标，制订每月的收入和支出预算。

第二，做好记录——掌握自己的历史财务状况。

记录每个月的收入和支出情况，包括必要开销、娱乐支出和储蓄金额等。

很多人花钱、存钱都稀里糊涂的，多看看周度、月度、年度收支账单，您会发现自身的财务问题，并有效地抑制不必要的消费。

第三，制订计划——规划存钱路径和行为。

制订计划即根据自己的理财目标，制订具体的储蓄计划，包括每月需要储蓄的金额和储蓄的时间长度等。

计划要具体可行，符合个人实际；当然存钱计划也不是一成不变的，我们也可以根据实际情况进行调整。

第四，使用工具——具体包括自动储蓄工具、强制储蓄工具、定期储蓄工具等。

目前一些理财 App 也提供自动定存服务，若担心自己会忘记按时存钱，可设置自动存款服务，实现强制储蓄，帮助自己管理钱包。

第五，改掉漏财习惯——克制住乱花钱的手。

这一点因人而异，但想要存钱不一定要以牺牲生活质量为代价，可以通过调整生活方式，把资金用在更有价值的地方。总之，合理规划开支是

关键。以下是一些乱花钱的例子，供大家自我审查，以便有针对性地改善
自身消费行为：

● 避免不必要的开销，如自动扣款的娱乐付费 App 和会员费等。

● 节制购物欲望，避免购买后不使用或囤积物品。

● 保重身体，防止因不良生活习惯而生病。

● 在可以通过网络获取免费学习资料的情况下，不要因懒惰而花费
金钱购买纸质资料。

第六，最重要的是开源——提升自身的赚钱能力。

在当今的社会环境中，仅靠节流并不能带来财富的快速积累。真正
能帮助我们实现经济独立和财富增长的方法是开源，即提高个人赚钱的
能力。

学习存钱实际上也是在学习如何有效地管理个人财务。正如《穷爸爸，
富爸爸》一书中所强调的，重要的不是你拥有多少，而是你懂得多少。理
财不仅仅关乎金钱的管理，更关乎生活的管理。每个人都可以把自己当作
一家公司的 CEO，财务管理就是公司运营的核心。只有当我们明智地分配
和使用资源、避免浪费时，才能真正实现自己的目标和梦想。

就像沃伦·巴菲特所说的，如果你不找到让钱在你睡觉时也为你工作
的方法，你将不得不一直为钱工作。钱不仅是生活的基石，也是实现自由
和梦想的工具。真正的财富智慧，不仅仅在于赚钱的能力，更是把钱用在
正确的地方的艺术。

愿我们都能成为真正的理财大师，不再为金钱所困，并让金钱为我们
带来真正的自由和幸福。

货币基金

当我们手里有了一定的积蓄，就要开始合理管理资产。本节我们首先讨论如何有效管理活期账户中的资金。要做好活期理财，除了把钱存银行，还有一类相对安全的理财方式值得我们了解，即货币基金。

认识货币基金

2013 年 6 月，一个现在我们都很熟悉的货币基金产品横空出世，那就是余额宝。

最初的余额宝，对接的只有天弘货币基金。其特点是操作简便、低门槛、零手续费、可随取随用，它不仅可以直接用于购物、转账和缴费还款，也可以迅速转入和转出。对于一般人来说，余额宝操作方便，可信赖。再加上那几年通货膨胀比较严重，钱存在银行可能会逐渐贬值，但若放入余额宝，还能赚取额外收益。

因此，余额宝在那个时期迅速火遍大江南北。最火的那一年，7 日年化收益率曾高达 6.7％左右。余额宝在成为风靡全国并震动了银行界的理财产品的同时，还将货币基金这种理财方式带入了大众生活。

货币基金是一种投资货币市场的基金，其资金主要投资于短期货币工具（期限一般在一年以内，平均期限为 120 天）。一般来说，国债、政府短期债券、企业债券（高信用等级）、央行票据、商业票据、银行定期存单、同业存单等短期有价证券，统称货币基金。货币基金基本情况如表3-1 所示。

表3-1 货币基金基本情况

属性	具体描述
适合人群	稳健型投资者
收益状况	略高于定期存款
对应风险	极低风险
产品特点	安全性高，流动性高，收益率比存款利率高，同时购买成本低，门槛低

货币基金的优点

货币基金号称"准储蓄"，风险很低，收益较稳定，是人们试水储蓄之外的其他理财方式的优先选择，我们把它的特点总结为三高两低。

三高就是安全性高，流动性高，收益率比存款利率高。

● **安全性高**。货币基金是一种稳定收益型的基金，专门投资风险小的债券、票据和银行存款；由于受到严格监管，货币基金资产必须托管在具有托管资格的银行里，因此投资者不必过多担心资金安全问题。

● **流动性高**。货币基金采用的到账日一般为"T+1"，或者"T+2"。就是说，如果你是1月1日申请赎回的，T+1的到账日就是1月2日，T+2的到账日就是1月3日。它的高流动性使得投资者能够相对便捷地处理资金，而一些特殊的产品如余额宝、零钱通等更是可在当天取用。

● **收益比较稳定**。以2024年6月为例，市场上货币基金7日年化收益率约为1.7%，在个别月末、季度末等时间点，收益可能翻倍甚至几倍。相较之下，将同一笔资金存入银行，活期利率只有0.20%左右，两年期定期也只有2.00%左右。显而易见，货币基金的收益表现更好。

两低指的是成本低，门槛低。

● **成本低**。在购买基金时，通常会涉及多种费用，如管理费、申购赎回的费用等，这些都属于投资成本。但在进行货币基金申购、赎回时都是不需要手续费的，投资者只要交0.4%左右的运作费用即可，所以说货币基金的成本低。

● 门槛低。货币基金几乎没有本金门槛，其中的典型代表如余额宝，1元即可买入。

货币基金的风险

货币基金风险低并不等于保本，即便是像货币基金这样的低风险资产，也是有风险的。货币基金的主要风险有以下3个方面。

第一，挤兑风险。

你可能听说过银行挤兑——大量的银行客户因为恐慌或出于其他原因同时到银行提取现金，而银行储备的资金不足以支付时所出现的情况。流动性堪比活期存款的余额宝货币基金也可能出现挤兑风险。

第二，信用风险。

货币基金通常会投资于短期债券等低风险债务工具，但如果这些债务工具的发行方违约，基金就可能会遭受损失。虽然概率很低，但历史上确实出现过货币基金短期亏损的情况。

第三，技术风险。

技术风险是指互联网平台、计算机后台或者客户端软件存在缺陷和漏洞所带来的风险。随着网络金融的发展，很多人更偏向在互联网平台上购买货币基金，一旦平台出现故障，很可能会造成赎回困难或者取不出钱等流动性问题。

货币基金适合哪些人

上面提到货币基金是一种低风险、流动性高、收益也不错的投资产品，因此适合大多数人。以下是一些适合投资货币基金的人群。

理财小白：对于刚开始投资的人来说，货币基金是一个很好的起点。由于其风险较低，理财小白可以逐渐熟悉投资市场和投资产品，逐渐增加投资额度。

老年人：老年人通常更注重资金的安全性和流动性，而货币基金正好符合这些要求。因为投到货币基金中的资金可以随时赎回，不需要担心资金的安全问题。

短期投资者：如果投资者需要在短期内使用资金，例如在未来一年内需要购买房屋或者汽车等大件物品，那么货币基金是一个很好的选择。因为货币基金可以随时赎回，投资者可以随时取用资金，不需要担心在投资锁定期而无法使用资金。

资产配置者：对于那些已经拥有股票、债券等投资产品的人来说，货币基金可以作为其资产配置的一部分。将资金分散到不同的投资产品中，可以降低整体投资风险。

总之，货币基金适合不同类型的投资者，它的低风险和高流动性的特点使其成为一种比较受欢迎的投资产品。

货币基金该如何买

货币基金可通过银行、证券公司、基金公司或第三方的基金代销平台等渠道购买。

在实际投资中，中等规模的基金通常是较为理想的选择，因为中等规模的基金能够充分利用规模优势获得更有竞争力的利率，同时，发行的公司也更可能成为银行及其他金融机构的长期合作伙伴。

基金规模过大可能会导致边际收益递减，甚至出现"船大不好掉头"的情况。这种情况下，基金管理者可能会采取非常保守的投资策略，以确保资金安全，但这可能会限制基金的收益潜力。因此，合理的基金规模能够平衡风险与收益，保证基金的运作效率和竞争力。

选择货币基金时还需留意基金的各项费用，包括管理费、托管费和服务费等。尽管绝大多数货币基金免收手续费，但具体收费情况可能因基金而异，我们在购入前应仔细查看。此外，不同购买平台的费用也可能存在差异。多数基金在其公司的 App 上购买能享有费用相应减免的优惠。

在实际操作中，建议避免在周末或节假日前一天申购，因为此时申购的资金只能暂存系统，需等到下一个交易日才能处理，这将导致这部分资金暂时无法获得收益或使用。鉴于货币基金并非完全无风险，您可考虑适度分散投资，将资金分配到多个货币基金或其他投资品种中。

银行理财

除了货币基金，大部分的银行存款和理财产品也是一种安全性较高、流动性较好的理财方式。

认识存款和银行理财产品

我国居民的储蓄率一直高于世界平均水平，这意味着大多数人将资金存放在银行中。由于银行的便利性和可接近性，存款和理财产品成为国人最常接触的理财方式之一。

提到银行理财产品，大多数人首先想到的可能是银行营业厅的LED 显示屏上滚动播放的那些诱人的投资广告，比如"预期年化收益率 4.5％，5 万元起投"等。这些广告给人一种印象，银行理财产品就是将钱存入银行一段时间，就能获得 3％～5％的利息收入。但是，这样的理解准确吗？

其实这只是理财产品的其中一部分信息，要了解全部，我们要先了解下存款、存款产品以及理财产品的区别。

存款，主要分为活期存款和定期存款，产品名称有明确的"存款"字眼，显示的是"利率"。

存款产品，包括大额存单、结构性存款等创新型存款产品，其中大额存单显示的是固定利率，而结构性存款的利率收益是浮动的，其最终收益与挂钩的金融衍生品的表现有关。

理财产品。购买前需要进行风险评估，有 R1～R5 风险等级，存在净值波动，不再承诺"保本"，显示的是"收益率"。

目前存款只能通过银行自有平台，包括实体网点、网上银行、手机银行等渠道购买，第三方渠道代销存款产品都属于违规行为。此外，在购买银行存款产品时需注意：产品划分在"存款"或"存款服务"类；产品名称有明确的"存款"字眼；存款产品显示的是"利率"，而不是"收益率"。为方便阅读和理解，本书在以下内容里将存款和存款产品统称"存款"。

银行存款和银行理财产品可分为以下几种常见类型。

银行活期/定期存款，即我们将资金存入银行，然后获取活期或定期的利息的一种方式。普通定期存款提前支取会损失利息，提前支取部分按活期存款利率计算利息。

银行大额存单是一种高门槛的大额存款凭证，最低储存金额为 20 万元，其利率通常高于普通定期存款，并且在到期之前可转让。

结构性存款是银行针对个人推出的一种定期存款产品，但与普通定期存款产品不同，创新型存款支持灵活存取并享受定期存款的利息收益。

上面几种产品实质上仍然是银行存款。除此之外，还有银行理财产品。对于这类产品，很多人会问："银行销售的理财产品都是银行自家的吗？"

一般而言，银行理财产品可分为三种：银行自营（银行自主发行）、银行代销以及银行托管产品。很多投资者不明白三者之间的区别。银行自营理财产品一般属于固定收益类，风险较低，收益相对稳健。

银行代销理财产品是非银行自主品牌的投资理财产品，一般银行代销产品需在遵守相关法律法规的基础上，经过行内规范的审批流程，才能面向银行客户销售。银行代销的理财产品包括各类公募基金、信托产品、资产管理计划、保险产品和黄金等。

银行托管理财产品，是指该产品的资金在银行进行托管。许多人搞不清楚银行托管理财产品与银行代销理财产品或银行自营理财产品的区别，投资了不适合自己的产品，最终导致损失。所以，我们要清楚：银行资产托管业务不会对产品投资风险进行审核与评级，银行仅依据托管合同完成资金收付、划拨等约定事项。所以，银行对托管业务的产品不会审查和评级，相对来说产品的稳定性和收益更不可控，风险也需要用户自行判断了。

存款和银行理财产品的优点和不足

了解了上述定义，我们可以发现存款和银行理财产品实际上包含了许多不同的品类，每一种都具有其特点和优劣势。为方便读者理解，表3-2对这种品类的特点进行了总结。

表3-2　存款和银行理财产品的优点和不足

产品名	利率（2023年）	风险	优点	不足
活期存款	基准利率为0.35%	最低风险	随用随取；流动性强；安全性高	利息过低
定期存款	基准利率：1年期1.5%，3年期2.75%	最低风险	可以灵活取用；安全性高	提前支取的部分会按照活期存款利率计息，灵活度不够；利息也不能跑赢通胀
大额存单	1.5%～4%，期限越长，额度越高，则利率越高	低风险（若金额大于50万元，国有银行的安全系数比较高）	利率比普通存款高	起投门槛20万，不具备普适性；流动性差
银行创新型存款	与定期存款一致	低风险	流动性较好；受存款保险保障	提前支取本金，银行只能按活期利率付息
银行理财产品	2%～7%	有多个风险等级，风险越高，亏损概率越高	投资门槛相对较低，几千元至几万元不等；投资期限多样；风险低于基金和股票	流动性一般，产品到期后可以选择赎回或转让；有一定的风险性

总体而言，存款和理财产品具有低风险、低门槛、灵活多样等优势，但也存在收益低，且不如货币基金取用灵活等劣势。值得注意的是，截至2021年末，银行的保本理财产品已经实现清零，也就是说现在的银行理财产品都会有一定的亏损概率，甚至爆雷风险。并且相对货币基金，银行理财产品的流动性较差，投资期限固定，提前赎回可能会导致收益损失。此外，部分银行理财产品还存在转让限制，不利于投资者灵活配置资产。

存款和银行理财产品的风险

存款和银行理财产品主要有三大风险：破产风险、收益风险和道德风险。

第一，破产风险。

《存款保险条例》明确规定：存款保险实行限额偿付，最高偿付限额为人民币 50 万元。

这意味着如果银行破产，用户 50 万元以内（含）的活期或者定期存款的本金可以得到保障，要么由银行出，要么由存款保险赔偿。但银行理财产品不属于存款，就不在此保障范围内了。

第二，收益风险。

收益风险，这里指的是收益不达预期的风险。在购买银行理财产品时，我们通常只关注其收益率，殊不知，销售人员说的可能是预期收益率或者最高收益率。

第三，道德风险。

道德风险，是与人相关的风险，即银行员工出于个人利益而采取不利于客户的行为，比如：银行员工受利益驱使，推荐不适合你的或者不属于自家银行的理财产品；无良员工伙同外人售卖银行禁止售卖的高风险产品（飞单）；非银行员工伪装成银行员工骗取你的信任进行诈骗。

银行理财产品按风险等级，从低到高可以划分为5类（见表3-3），分别是谨慎型产品（R1）、稳健型产品（R2）、平衡型产品（R3）、进取型产品（R4）和激进型产品（R5）。

表3-3 银行理财产品风险评级

风险标识	风险评级	评级说明	适用投资者风险承受能力
R1	低风险	不提供本金保护，但本金出现损失的概率极低，收益波动极小，收益不能实现的可能性极小	谨慎型投资者
R2	中低风险	不提供本金保护，本金出现损失的概率低，收益波动小，收益不能实现的可能性小	稳健型投资者
R3	中风险	不提供本金保护，本金出现损失的可能性不容忽视，收益存在一定波动且收益实现存在一定的不确定性。	平衡型投资者
R4	中高风险	不提供本金保护，本金出现损失的可能性不容忽视，收益波动明显且收益实现的不确定性较大。	进取型投资者
R5	高风险	不提供本金保护，本金出现损失的可能性很高，收益波动明显且收益实现的不确定性大。	激进型投资者

风险从低至高分为R1～R5五级。通常而言，R1级风险非常低，一般能够保证收益或者保本浮动收益；R2级风险较低，一般是比较安全的非保本浮动类理财产品；而R3级以上就不能确保本金及收益了。即使是银行自营理财产品也存在不同的风险等级，不能保证保本且稳健。投资者应该根据个人的风险承受能力进行选择。

银行理财产品适合哪些人

一般来说，如果你对投资有期限和收益上的要求，且能承受一定的风险，那么银行理财产品就是一个不错的选择。银行理财产品适合那些对资金安全性和收益性都有一定要求的人群。具体来说，以下几类人可以考虑购买银行理财产品。

1. 有固定收入和一定积蓄，希望获得财富增值的人。银行理财产品通常需要一定的起投金额，对于有一定积蓄的人比较适合。

2. 追求稳健收益的人。银行理财产品的收益相对比较稳定，对于那些追求稳健收益的人比较适合。

3. 需要资金流动性的人。购买银行理财产品也可以作为保证资金流动性的一种备选方案，例如应急取现、支付账单等。

需要注意的是，银行理财产品的种类和特点各有不同，选择之前需要仔细了解和评估风险、收益、流动性和起投金额等因素。比如风险等级较高的银行理财产品，就更适合风险承受能力较高，追求相对较高收益的投资者。而对风险承受能力较低的投资者而言，尽管部分银行理财产品可能会有较高的收益，但其背后的风险超出了其风险承受能力，因此也不能随意购买。

银行理财产品该如何买

银行理财产品琳琅满目，并且情况各异，我们该怎么选择呢？有五大技巧可以帮助你做出明智的决策。

一看发行主体。

选择产品管理人属于商业银行或银行理财子公司，而非证券公司、基金公司、信托公司等的产品。

我们去银行购买理财产品肯定是看中了银行的稳健性、安全性，因此首选由银行发行的产品。

二看风险等级。

银行会给理财产品设定风险等级，投资者应根据个人风险偏好和风险承受能力选择适合自己的产品。

特别需要注意的是，自2022年1月1日起，《关于规范金融机构资产管理业务的指导意见》[①]（以下简称"资管新规"）正式落地，银行理财产品不再承诺保本，而以前发行过的保本型产品也要在过渡期内逐步向"净值型"产品转型。对于投资者而言，需尽快转变银行理财产品是刚兑产品的固有理念，增强风险意识，选择与自身风险承受能力相匹配的产品。

三看募集期。

募集期是指理财产品从发售开始到发售结束的时间段，一般为3～5天，但也可能长达7～10天。在募集期内，资金按照活期利息计息；只

① 2018年3月28日，中央深改委通过《关于规范金融机构资产管理业务的指导意见》。同年4月27日，经国务院同意，"资管新规"由中国人民银行等部门联合印发。"资管新规"过渡期至2021年底结束。

有在封闭期才按照相应的收益计息。募集期实际上是银行降低成本的手段，投资者应在此期间留意产品的实际年化收益率。以某银行近期发行的34天理财产品为例，假设该理财产品宣布的预期最高年化收益率为4.5%，募集期为7天，假如你在开售第一天购入50万元，产品到期后，你的实际收益如下：

$$实际收益=500,000 \times \left(\frac{0.35\% \times 7}{365} + \frac{4.5\% \times 34}{365} \right)=33.6+2095.9=2129.5元$$

按照此收益计算，你的实际年化收益率为：

$$实际年化收益率=\frac{实际收益}{投资金额} \times \frac{365}{(34+7)} \times 100\%=\frac{2129.5}{500,000} \times \frac{365}{(34+7)} \times 100\% \approx 3.8\%$$

因此，根据这个例子，你的实际年化收益率为3.8%。这个计算方法考虑了募集期内的利息和产品到期后的收益，是一个比较完整的计算方式。

四看到期日和到账日。

到期日是指理财产品到期的日期，而到账日则是资金回到个人账户中的日期。通常，到账时间会在到期之后的三个工作日以内，需要注意避开周末和节假日。因为周末和节假日会延长资金实际到账的时间，而且理财产品的起息日也可能在周末或节假日之后。

五看投资期限。

理财产品的投资期限应该符合个人的投资需求，并注意产品是否规定了提前支取的条件。在确保不需要使用资金的前提下，在同一风险等级和收益的情况下，可以适当选择期限较长的产品。

上文提到的到期日和募集期之间的时间被称为"空档期"，时间长一点的产品可以减少空档期，提高资金的整体收益率。

例如，购买两期3个月收益4.2%的产品相较于购买一期6个月收益

4.2%的产品，其空档期就要多 7 ～ 14 天，这些时间是没有利息的，所以就不划算。

此外，还需要注意其他条款，如赎回规定和赎回费用、产品的转让规则、产品管理人的变更规则、投资者的权利和义务等。

相对于其他投资方式，银行理财产品风险较低，更适合保守型投资者。但是需要注意的是，选择适合自己风险承受能力的产品至关重要。另外，投资者还需关注银行的整体运营情况、理财产品的具体投资方向，以及收益返还方式等。

以上这些信息都能在银行理财产品合同中找到，因此在购买银行理财产品时切记仔细查看合同内容。

下面，我们来看一个银行理财产品购买的实操案例。

小李家里有 10 万元闲钱，他决定将这笔钱用于投资理财，初步意向是购买货币基金或者银行理财产品。鉴于他的风险承受能力评估测试结果为稳健型投资者，他可以考虑以下配置思路。

1. 从流动性角度考虑。尽管这笔钱暂时不会用到，但也要考虑到紧急情况，因此在选择理财产品时要适当考虑流动性。小李最好选择封闭期比较短的理财产品，一般为 3 ～ 6 个月。他也可以考虑用其中一部分钱，比如说 3 万元，配置流动性更好的货币基金。

2. 从安全性角度考虑。由于银行理财产品已经进入了无法承诺保本的时代，除了挑选安全可靠的理财产品外，小李还需分散投资、降低风险。因此，他可以把剩余的 7 万元分成 2 ～ 3 份购买理财产品，比如一份 5 万元，购买丰年期的稳健型理财产品；另一份 2 万元，购买 7 天一个周期的稳健型理财产品，以实现投资组合的多样化。

3.从收益性角度考虑。小李理财投资的目的是保值增值，因此在选择合适的产品后，他还需要初步估算这些理财产品和货币基金的组合收益。在满足安全性和流动性的前提下，选择收益性最佳的组合。

综上，小李的理财方案可以如表3-4所示去配置。

表3-4　小李的理财方案

金额/万元	配置类型	预估收益率	优缺点
5	1个月银行理财	2.8%	流动性一般，半年后可取出，收益较高
2	7天一个周期的稳健型理财产品	2.5%	流动性较好，可以在短期内取出
3	货币基金	1.7%	流动性好，可以很快取出，收益较高

注：以2024年6月某股份制银行的理财产品为例。

这样的配置方案有助于小李在保持相对稳健的投资风格的同时，兼顾流动性、安全性和收益性，为其理财计划提供更全面的保障。

结构性存款

如果希望在安全性的基础上适当提高收益，那么就可以考虑购买结构性存款。

认识结构性存款

结构性存款是一类收益增值产品。投资者将资金存于银行，银行在普通存款基础上，加入金融衍生工具，将投资与利率、汇率、股票价格、商品价格、信用、指数等挂钩，以谋求更高收益。

简单来说，结构性存款的运作方式如下：一般情况下，银行把你的存款分成两份，分头管理。大部分存定期以获取稳定收益；小部分参与投资以谋求较高的投资回报。这种存款方式存在一定风险，它的收益用一句话总结就是：三分靠投机，七分靠定期。

这样组合的好处在于：第一，不用太担心本金的安全性；第二，将一部分利息用于购买期权，有望实现高额回报。当然如果投机操作未能成功，那么收益较低，但仍然有存款利息收益保底，具体收益率取决于结构性存款合同中的收益划分。

结构性存款的分类

结构性存款有不同的分类方式，根据收益形式可分为二层、三层、区间累计和鲨鱼鳍等（见表3-5）。

表3-5　结构性存款分类（基于收益形式）

分类	特点	图示
二层结构性存款	只有两种预期收益，一种是保本收益，另一种是高收益。高收益是否实现取决于标的物是否达到预定条件 比如右侧示例的产品，就是一个典型的二层结构性存款 达到预定条件，能拿到B%的高收益，没有达到则拿到A%的低收益	 B% A% 看涨二层

续表

分类	特点	图示
三层结构性存款	有三种预期收益，分别对应于标的物达到不同区间或水平时的情况 比方说，一个挂钩黄金价格的结构性存款，产品期限为一个月 如果一个月后黄金的价格低于X，那收益率就是A% 若金价涨超过X元，但低于Y元，收益就率是B% 若金价涨超过Y元，收益率就是C% 由于预期收益率有三个，所以这种创新产品，又叫"看涨三层" 相反地，也会有"看跌三层"	 看涨三层
区间累计结构性存款	在三层结构性存款的基础上，将中间那层的收益率设为最高或最低，并且按照标的物在该区间内停留的天数累计收益	 区间累计
鲨鱼鳍结构性存款	在三层结构性存款的基础上，将中间那层的收益设为一条斜线，即随着标的物变化而变化	 鲨鱼鳍

根据挂钩标的物，即高风险投资部分具体买了什么产品，结构性存款又可分为利率型、汇率型、指数型、股票型、基金型、商品型和信用等不同类型的产品（见表3-6）。

表3-6　结构性存款分类（基于挂钩标的物）

分类	特点
利率型结构性存款	收益与指定的浮动利率挂钩
汇率型结构性存款	收益和某种外汇的汇率挂钩

分类	特点
指数型结构性存款	收益和某种指数的表现挂钩
股票型结构性存款	收益和某种股票的表现挂钩
基金型结构性存款	收益和某种基金的表现挂钩
商品型结构性存款	收益和某种商品的价格表现挂钩
信用型结构性存款	收益和某种信用证券的表现挂钩

根据业内专家的观点，与黄金等贵金属挂钩的结构性存款产品的收益趋于稳定；而与股票指数挂钩的往往容易实现最高年化收益率，但缺点是波动较大，收益率难以保证。

因此选购结构性存款时，我们也要注意挂钩的标的是否与个人投资偏好相匹配。

此外，结构性存款还有其他的分类方法。

按照本金币种，结构性存款可分为外汇结构性存款和人民币结构性存款。

按照是否保障本金的不同，结构性存款可分为非保本结构性存款和保本结构性存款。保本结构性存款又可分为本金保证型结构性存款、部分本金保证型结构性存款。

按照收益类型的不同，结构性存款可分为固定收益结构性存款、浮动收益结构性存款、收益递增结构性存款。收益递进型是指在投资期内分段计息、分次支付的产品。

结构性存款的特点

看一款结构性存款值不值得买，还需要了解它的几个特点，主要如下。

第一，结构性存款的本质是存款。

结构性存款本质上是一种银行存款。它需要像普通存款一样向央行缴存"存款准备金"，并受《存款保险条例》的保障。

然而，与普通定期存款不同的是，结构性存款具有特定的交易结构。

第二，结构性存款保本不保息。

结构性存款保证本金不受损失，但不同于普通存款的是，它不保证利息。普通存款 100%保本保息，如果银行破产了，储户的本金和利息总额在 50 万元以内，就可以得到 100%赔付。

结构性存款是 100%保本，但只承诺保底收益。即结构性存款中普通存款的那部分受存款保险制度保护，但是金融衍生品的那部分就要承担一定的风险。

比如，一款结构性存款的收益率是 1.5%或 3.8%，说明在最差的情况下，储户能达到 1.5%的收益率；在最好的情况下，能达到 3.8%的收益率。

第三，流动性相对较好。

结构性存款相对于定期存款具有较好的流动性。尽管无法提前支取本金，但有多种期限可供选择，最短可达十几天，最长可达五年。这样，投资者能够更灵活地根据自身流动性需求进行资源配置。

第四，门槛较低。

以前的银行理财产品，大部分为 5 万元起售，这让积蓄有限的人有点高攀不起。而现在的结构性存款比较亲民，起售门槛相对较低，一般 1 万元起售，大多数人都能参与。

第五，投资多样化。

结构性存款不仅投资标的多（包括美元兑日元、欧元兑美元、挂钩黄金、挂钩指数等），而且产品结构丰富（单边向上、单边向下、双边区间累计等），能满足不同投资需求。

第六，中低风险。

结构性存款不同于一般性存款，具有一定的投资风险。

据"普益标准"2021年一季度股份制银行存续产品情况的统计数据显示，如果按照5类风险等级划分，其中低风险等级产品主要是结构性存款型产品，中低风险等级产品中约四成为结构性存款型产品。[①] 一般银行会对产品给定一个内部风险评级，以便客户选购。

结构性存款的风险

上面说到了，结构性存款并不是没有风险，在购买前我们必须认真了解。它的风险主要有以下三个。

1. 收益率缩水的风险。结构性存款的利率通常在某一区间内浮动。如果其所挂钩的产品价格出现比较大的波动，购买者就会有拿到区间内最低利率的风险。

2. 流动性比较差。结构性存款原则上不能提前支取。若需提前支取，储户需要办理相应手续，且利息是按照支取当天的挂牌活期利率来计算的。

3. 被终止的风险。银行有提前终止的权利，如果银行提前终止了结构

---

① 普益标准.【第1843期专栏】一季度股份行存续产品情况简析——业务策略初现分化[EB/OL].（2021-05-07）[2024-04-28].https://www.pystandard.com/newsview.aspx?t=11&ContentId=11910.

性存款，投资者就无法获得预期的收益。

4.政策带来的风险。我国监管层对于金融机构及其产品的监管日益严格，结构性存款规模在 2018 年下半年缩水也说明了这一事实。

结构性存款适合什么人

结构性存款适用于资金相对充裕，希望在保本的基础上获得跑赢 3 年期定期存款利率的资金回报，对金融市场有一定分析能力，但不乐意亏钱，且能接受一定利息亏损风险的个人和法人客户。

首先，结构性存款是一种保本产品，对于风险偏好较低的人来说，是比较适合的。

其次，从收益来看，结构性存款的收益不是固定的，有可能高，也有可能低，因此它适合追求相对较高收益，同时能够接受一定利息亏损风险的投资者。

最后，结构性存款的期限选择更加多样，短则十几天，长则三五年，可满足不同的用户的需求。

总体而言，结构性存款对长期稳健型的投资者来说是个不错的选择。它的收益率常常大于定期存款，还可以享受到本金的保障。在购买前，投资者应充分了解自身的风险偏好和投资需求，以做出明智的投资决策。

如何做好结构性存款的投资

对于大部分人来说，做好结构性存款的投资，可以分成以下几个步骤。

1. 选择信誉好的银行

在选择银行时，我们需要关注两个指标：一是银行过往结构性存款最高利率兑现率；二是银行的信用评级，不能因为高利率而盲目选择信用评级较差的银行。

2. 看清说明书

从产品说明书内容来看，结构性存款将获得的是预期利息，而结构性理财产品讲的是讲预期收益率。结构性存款本金投向的是银行存款，而理财产品的本金一般投向了低风险固定收益类资产，后者的本金和预期收益都不在存款保险范围内。从收益率来看，结构性存款一般是保本的，而结构性理财产品是理财产品，按监管规定是非保本型的。所以，到底是"结构性存款"还是"结构性理财"，我们要看清楚再买。

3. 谨慎选择投资期限和金额

结构性存款大多是长期存款，到期前大部分是不可退的。所以，普通投资者购买时要看清合同要求，谨慎选择投资期限和投资金额，尽量不要占用流动资金。

4. 选择标的和产品

结构性存款有的挂钩利率，有的挂钩汇率，不同类型的产品收益和风险都是不同的，可以根据实际需求和风险偏好进行选择。

5. 了解收益和风险

投资者需要了解产品的具体收益规则和风险控制措施，避免盲目追求高预期收益而忽略风险。另外，我们需要选择具有金融衍生产品交易资质和交易、投资管理经验较为丰富的大中型银行。最后还需关注产品的历史表现与预期收益率，尽可能准确地评估产品的收益和风险，再进行购买。

6. 善用冷静期

一旦投资者发现自己买错了，应利用结构性存款 24 小时的冷静期及时退款。代销机构必须配合投资者取消购买，并按时返还钱款。

信用卡

随着消费观念的改变，越来越多的人开始使用信用卡（credit card）。我们使用信用卡时刷的钱其实是从银行借用的钱。信用卡经常被人们用于日常消费支出，因此也可将其视为活期账户的一种。然而，信用卡未按期全额还款会有利息，这也常常构成了信用卡潜在的"消费陷阱"。对于信用卡，使用得当，它就是一种有益的工具；滥用，它就会成为每月的负担。本节主要介绍其功能、费用、优劣势以及一些常见的注意事项。

认识信用卡

信用卡又名贷记卡或透支卡，是由银行发行，给予持卡人一定信用额度的卡片，持卡人可在信用额度内先消费后还款。

信用卡是一种身份证大小的特制硬塑料卡片，正面印有发卡银行名称、有效期、卡片号码、持卡人姓名等内容。

尽管信用卡给我们的生活带来了诸多便利，在急需资金时可以解决燃眉之急，但"大额透支""短借长用""以卡养卡"等不良消费现象也屡见不鲜。这种现象的产生，一方面是因为多数人对信用卡的功能了解不足，另一方面是因为有些人没有建立起科学合理的消费观念。接下来，我们将详细了解信用卡具体有哪些功能（见表3-7）。

表3-7　信用卡的功能

属性	具体描述
支付工具	可持卡消费，无须使用现金；信用卡上有"VISA"或"MasterCard"标识的，在国外也能直接刷卡消费
信用借贷	微信钱包和支付宝账户内没钱时，用户可以凭借信用额度从信用卡取钱或者直接绑卡消费
分期付款	信用卡支持分期付款，以规避短期现金流紧张问题
多种优惠	信用卡有很多优惠活动，包括与商家合作的活动，如餐饮、看电影、购物、旅游等消费折扣，消费的积分可以抽奖、换实物或虚拟商品，还有一些特权等。
享受服务	可享受银行或机场贵宾厅的服务；在商务旅行和宴请时，用信用卡和一些特定商家（如饭店、航空公司）进行关联，可以享受费用优惠
信用作用	按时按额还款，可以提升信用额度和信用等级，同时，中国人民银行征信中心会通过信用卡的使用记录来记录个人的征信情况，拥有良好的征信记录在买房买车时更容易获得贷款审批

使用信用卡之所以会出现问题，主要是因为费用，以及没有及时还款产生的信用问题。信用卡的费用其实并不复杂，主要包含两部分：一是信用卡的年费，二是信用卡的利息。

首先是年费。

信用卡的年费，是指持卡人每年需要向开卡银行缴纳的费用，以获得信用卡的使用权。

通常，信用卡采取首年免年费的政策，刷卡达到一定标准可免除次年年费。但并非所有的卡都遵循相同规定。如工商银行的某信用卡首年并不免年费，而是需要累计刷卡 5 次或者消费 5000 元以上，才能免除年费；而中信银行规定，发卡后第一个月刷卡一次才能免除首年年费。

其次是利息。

信用卡的利息是指持卡人因透支而需支付的费用。利息分为以下几个部分：

第一，免息期。信用卡通常有 20 ～ 50 天的免息期，具体根据发卡行、卡种、信用评级等因素而定。在免息期内，我们只需及时偿还信用卡消费金额，无须支付任何利息费用。

第二，逾期利息。信用卡逾期会导致利息产生，逾期利率通常在 0.035％ 到 0.05％ 之间，逾期利息按日计算，具体由发卡行规定。部分银行会根据全部消费金额从消费日开始每日计提，其余则根据每笔金额和实际消费日开始计算，两者均按月计收复利。

举个例子，小李的信用卡账单日为每月 21 日，还款日为次月 15 日。他在 3 月 15 日消费 1000 元，如 4 月 15 日没能及时还款，就开始计逾期利息，逾期利率为 0.05％，逾期时间为 3 月 15 日 ～ 4 月 15 日，逾期利息为 $1000 \times 0.05％ \times 31 = 15.5$（元）；如果到一个月后的还款日即 5 月 15 日仍未还款，则逾期利息共为（$1000 + 15.5$）$\times 0.05％ \times 30 + 15.5 = 30.7325$ 元，以此类推。

第三，最低还款利息。部分人选择以最低还款额还款，虽不产生逾期记录，但需支付最低还款利息，银行同样按逾期方式计算。计算方式基本同上。实际上只要有剩余未还金额，银行都会按照该方式计算利息，所以我们一定要注意还款金额的充足。也有个别银行有特殊规定，例如逾期金额低于 10 元不收取利息等。

第四，取现利息。使用信用卡取现会产生取现利息，每日利率以发卡行规定为准。计算公式为：取现利息＝取现金额 ×0.05％ × 天数，按月计收复利。需要注意的是，取现利息从取现当天开始计算，每月的利息会计入下个月的计息中。

此外，从信用卡中提取现金除了要支付日息外，还需支付一定的提现手续费。所以尽量不要用信用卡取现，以免产生高额费用。另外，逾期时间越长，对应的利率越高，还可能导致还款金额超过本金，并可能影响信用等级。

信用卡的优缺点

信用卡的优点主要有三个。

一是安全方便。用信用卡支付比较安全，无须携带大量现金，丢失卡片可以及时挂失。信用卡使用范围较广，可以用于网购、订酒店等多种场景。有"VISA"或"MasterCard"标识的，还可以在国外直接刷卡消费。

二是有免息期。信用卡有 20 ～ 50 天的免息期，在这个期限内全部还清欠款，就可以免去利息。

三是有积分优惠。信用卡消费可以累积积分或享受商家折扣优惠。

信用卡的缺点也比较显著，主要如下：

第一，容易盲目消费和过度消费。

第二，如果信用卡逾期还款，会有较高的利息；部分信用卡消费不达标也会被扣年费。

第三，信用卡很容易在丢失或被盗时被别人盗刷，造成麻烦或损失，所以还是凭密码刷卡消费较稳妥。

第四，信用卡有信息泄露的风险。因此建议开通账户变动短信提醒服务，并绑定信用卡微信公众号，以便及时了解账户信息。一旦发现有异常，应立即致电银行客服了解情况，并及时冻结信用卡。

第五，信用卡如有欠款或拖欠年费的情况，也可能会影响个人征信，对个人未来申请车贷、房贷等贷款有影响。

信用卡的常见陷阱

使用信用卡时有三大常见的陷阱。

第一，长期透支。

长期透支信用卡会导致利息累积，从而形成高额债务。持卡人应尽量在免息期内还清信用卡欠款。

第二，最低还款额。

很多持卡人认为选择最低还款额可以避免产生不良信用记录，但实际上最低还款额只是延缓了不良信用记录的产生，持卡人仍需支付高额利息。

第三，预借现金。

预借现金不仅要支付高额利息，还要额外支付手续费。持卡人应尽量避免预借现金。

我们可以通过以下方式避免这些陷阱：

第一，了解免息期、年费。

持卡人应充分了解所持信用卡的免息期、年费，以便利用好信用卡，按时还款，避免产生逾期利息和滞纳金等费用。

第二，了解信用卡的计息规则、账单日期。

我们在申请、使用信用卡时，应充分了解信用卡的计结息规则、账单日期等相关信息。需要注意的是，尽量不要选择分期还款和最低还款额还款，因为这样虽然可以暂时缓解压力，但也会产生相应的费用和利息。

第三，注意预借现金。

如非必要，尽量避免从信用卡中提取现金。如有急需，应先了解相关手续费和利息，再选择合适的借款方式。

第四，避免出租、外借或交由他人保管。

将名下的信用卡出租、外借等行为非常危险，可能导致信用卡过度消费，资金过度透支。因无力还款造成的信用卡逾期不仅会产生利息、复利及违约金，还会损害持卡人的个人征信，影响持卡人申请贷款，甚至引发司法诉讼等。

如果信用卡被违规使用，还容易导致信用卡被发卡银行降额、限制使用或停止使用，甚至需要承担罚款、罚息等违约责任；如果信用卡被用于电信诈骗等违法行为，持卡人要承担相应的法律责任。

贷款

为什么贷款也会是一种活钱理财方式？因为适当的负债也是有好处的。下面我们就来具体介绍一下。

认识贷款

贷款是指企业或个人向资方申请借钱的行为，同时借款方必须按照协议付出相应的利息，并归还本金。

贷款包含贷款金额、贷款期限、贷款利率和还款方式五个要素（见表3-8）。

表3-8　贷款的要素

属性	具体描述
贷款金额	借款人向银行申请贷款所获批的金额
还款金额	借款人向银行申请贷款所获批的金额 还款金额=贷款额度×（1+贷款利率）^贷款期限
贷款期限	从具体贷款产品发放到约定的最后还款或清偿的期限
贷款利率	借款人为了取得货币资金的使用权而支付各银行或其他贷款机构的金额比例
还款方式	借款人偿还贷款的方式，常见的有等额本金还款、等额本息还款、按期还本付息、一次性还本付息和先息后本等

实质上，贷款可以理解为提前支取未来的钱，用支付利息的代价来帮助我们解决现在的财务问题。使用得当时，贷款就是撬动财富的杠杆；但若滥用，它就是摧毁财务安全的慢性毒药。

贷款产品可根据多种方式进行分类，常见的包括商业贷款、信用贷款、典当贷款、抵押贷款、担保贷款、消费贷款等。表3-9对各类贷款产品进行了具体的比较。

表3-9　贷款的类型

贷款类型	含义	特点	功能
商业贷款	银行向企业或个人提供的资金支持	贷款金额较大，利率较低	满足企业扩大再生产、购买资产，或个人购房等需求
信用贷款	借款人无须提供担保，而凭自身信誉发放的一种贷款	根据借款人还款能力发放贷款额度，利率最高	满足个人资金需求，缓解资金压力

贷款类型	含义	特点	功能
典当贷款	典当行以典当方式为借款人发放短期贷款	贷款金额较小，利率较高	满足短期资金需求，以物品为抵押
抵押贷款	借款人提供一定的抵押物作为贷款的担保，以保证贷款到期偿还的一种贷款	贷款金额较大，利率较低	满足购房、购车、教育等大额支出需求
担保贷款	借款人不能足额提供抵押（质押）时，由第三方为借款人提供担保，向银行或金融机构申请的贷款	贷款金额较大，利率较低	满足企业或个人大额资金需求，提高贷款获批成功概率
消费贷款	银行或金融机构向个人提供的、用于消费的贷款	贷款金额较小，利率较高	满足个人短期消费需求，如购物、旅游等

按照用途，贷款可分为个人经营性贷款和个人消费贷款。前者主要应用于生产经营；后者则是银行或其他金融机构采取信用、抵押、质押担保或保证方式，向个人消费者提供的用于购买消费品的贷款。

从贷款期限来看，又可分为短期贷款、中期贷款、长期贷款。贷款期限在1年以内（含1年）的属于短期贷款。如最长一年还清的信用卡，6个月的融资融券属于短期贷款；1年到5年（含5年）的属于中期贷款；5年以上的则属于长期贷款。

按照担保方式，还可以分为个人抵押贷款、个人质押贷款、个人保证贷款和个人信用贷款。个人抵押贷款是将银行认可的、符合规定条件的财产作为抵押物而向个人发放的贷款。个人质押贷款则是借款人以合法有效的、符合银行规定的权利凭证作为质押物向银行申请的一定金额的贷款。个人保证贷款是以银行认可的、具有代为偿还债务能力的法人或组织作为保证人而向个人发放的贷款。个人信用贷款则是银行向个人发放的、无须提供任何担保的贷款。

在额度循环方面，还可以分为个人循环贷和非循环贷。前者是在确定的额度和期限内，借款人可以随借随还，反复使用；后者则为一次性使用，到期还款。在计算贷款金额时，我们需要考虑贷款额度、贷款利率和贷款期限。其中，贷款期限是从贷款发放到约定的最后还款或清偿日之间的时间段，通常以月或年为单位。

贷款的优点

贷款的优点主要体现在以下四个方面。

首先，贷款能够有效缓解资金压力。当遇到合适的购车或购房时机，而手头又不够宽裕时，贷款就是最佳选择。只需支付首付款，我们就能提前购买到理想的房产或车辆。

其次，贷款有助于摊薄风险。通过借贷，我们可以将风险分散给第三方借贷平台，让自身不必突然承担过大的经济压力。例如，一个个体户需要 40 万元来启动新业务，而他目前手头有 50 万元的资金，那么他可以自己支付 20 万元，再贷 20 万元。即使新业务失败，他仍然可以依靠手头的 30 万元继续原来的生活和工作，而贷款只需按月偿还。

再次，贷款还可以使我们提早实现财富增值。通过借贷，我们可以提前参与投资理财项目，只要投资回报高于利息，我们就能从中获利。例如，某些投资项目可能设有资金门槛，而贷款则可以帮助我们突破此限制。

最后，贷款也能满足我们对现金流的需求。在商业活动中，我们可能会遇到现金流短缺的情况，贷款可在这时提供及时帮助，以便我们度过短期资金困境。

当然，我们不能随意地借贷。尽管贷款有诸多优点，但如果通过借贷来消费可能会导致我们日后经济困难。因此，在借贷时，我们需要谨慎考虑自己的经济状况和未来规划，确保我们的借贷行为不会成为我们未来的负担。

贷款的风险和考量

虽然上文提到了贷款的诸多优点，但贷款并非毫无代价。若我们缺乏足够的偿债能力和资金管理技能，贷款就会带来风险与隐患。总的来说，贷款风险主要体现以下三个方面。

首先，未按时偿还贷款会引发高利率风险，从而造成财务损失。

其次，未及时偿还贷款还会导致信用风险，进而影响个人征信记录。

最后，通过借贷来提前消费可能会使我们陷入债务困境，进而对未来生活产生不利影响。

为避免不必要的贷款风险，在做出贷款决策时，我们需要考虑以下几个重要因素。

第一，贷款的成本。

首先，了解贷款成本至关重要。贷款成本指包括利息和其他各种费用在内的综合资金成本，例如手续费、服务费、中介费等。

其次，要判断其是否合规。通常，贷款成本应符合最高人民法院《关于审理民间借贷案件适用法律若干问题的规定》第 27 条的规定，即借贷双方约定的利率不得超过一年期贷款市场报价利率的 4 倍，超过部分的利息约定无效。

最后，自己要计算一遍贷款成本。粗略的计算公式是：年化利率 = 月利率 ×12= 周利率 ×52= 日利率 ×365；贷款成本 = 贷款额度 ×（1+ 年利率）^贷款期限 + 其他各种费用。

第二，还款能力。

在申请贷款前，我们也需要评估自己的还款能力，以避免后期因无法偿还而产生高额利息的风险。

银行也会通过考察我们的收入来源、稳定性以及收入的高低来衡量我们的还款能力。如果拥有稳定且较高的收入，则更容易得到银行的认可。此外，银行还会考虑日常开支、家庭状况以及其他负债情况，来判断还款能力是否充足。

第三，还款方式。

在决定借贷之前，选择适合的还款方式同样至关重要。常见的还款方式包括等额本息、等额本金、一次性还本付息和先息后本等四种，如表3-10所示。

表3-10　还款方式

还款方式	定义	特点
等额本息	每期还款金额相同，包括本金和利息	这是普遍的还款方式，总利息较高，但每月还款压力相同
等额本金	每期还款金额逐月减少，其中本金相同，利息逐月减少	总利息较"等额本息"少，但前期还款压力大
一次性还本付息	到期一次性还清本金和利息	通常适用于1年以内的短期贷款
先息后本	每月支付利息，到期一次性还清本金	适合现金流压力较大，而一定时间后才会有一笔钱进账的个人或企业使用

每一种还款方式都有其特点，适合不同的借款人。例如等额本息是普

遍的还款方式，每月还款压力相同但总利息较高；而等额本金总利息较等额本息少，但前期还款压力较大。因此，你需要根据自己的实际情况选择适合自己的还款方式。

贷款的策略和技巧

贷款是我们在日常生活和消费中常常会使用的一种金融工具。以下是选择贷款时可以用到的一些小技巧。

第一，选择合适的贷款种类。 首先，根据个人需求和情况选择适当的贷款种类至关重要。不同的贷款种类对应不同的用途和利率，因此在选择时应结合个人实际情况，避免盲目跟风。

第二，对比不同银行的贷款利率。 不同银行的贷款利率可能会有所不同，因此在选择贷款银行时，您要对比不同银行的贷款利率和贷款方案。

第三，了解自身的还款能力。 在申请贷款之前，您需要对自己的还款能力有充分的了解，确保能够按时还款，避免因还款困难而信用受损。

第四，注意贷款的期限。 贷款期限通常较长，要考虑到未来的还款能力，确保贷款期限内能够按时还款。

第五，留意还款方式。 不同的银行可能有不同的还款方式，要选择适合自己的还款方式，避免因还款方式不合适而还款困难。

以上技巧能有效避免因还款困难而信用受损。

04

守好"保命"的钱

——保险账户

保险是一种风险对冲工具，是现代市场经济中一种重要的风险控制策略。在人的一生中，突发事件总是不可避免的。保险的作用是使个人在遭遇不幸时能得到经济上的补偿，从而减轻损失。因此，对于追求生活稳定的个体而言，保险是不可或缺的。

保险也是家庭理财中的重要一环。资产保值增值固然重要，风险防范和转移也同样重要。所以第一步是留出紧急备用金以备不时之需，第二步是购买合适的商业保险，以构建家庭财务保障体系，之后再好好考虑投资赚钱的事。

为什么要买保险

认识保险

保险，是指投保人依照合同条款，向保险人缴纳保险费用，保险人对于合同中规定的可能发生的意外事故或人身损失等在一定范围内承担赔偿保险金责任，或者被保险人死亡、伤残、疾病或者达到合同约定的年龄、期限等条件时承担给付保险金责任的商业保险行为。

严格意义上来说，保险只是投保人和保险人之间的一种合同约定行为，是投保人用来规划人生财务的一种工具，能够在关键时刻为被保人提供重要的保障和支持。

我曾看过一个医学纪录片，其中讲了一位 30 多岁的重症胰腺炎患者的故事。

我们姑且叫她"九床"，"九床"住了半个多月 ICU，催费单上几乎每天都出现"九床"的名字。都说 ICU 是黄金买命，果不其然，没多久再也拿不出钱的"九床"丈夫在沉默中带着她出院了。她丈夫也是不得已，因为亲戚都借遍了，甚至以后也未必还得上债。没多久，"九床"就去世了。这是预料中的结局，我并没有那么惊讶，却仍旧唏嘘不已。

疾病和意外，是我们每个人都可能遇到的事。要避免这些事给我们的生活带来沉重的打击，唯有两条路可以走：

第一，不断增加收入、控制开支，掌握尽可能多的存款，以应对可能出现的意外。

第二，对于结余比较少、收入增幅比较慢的人来说，应对风险最好的办法就是把自己和家人的保险配置齐全。用尽可能少的钱，把自己不能承受的风险分摊给保险公司来承担。

保险的优点

作为一个金融工具，保险已经有几百年的历史。它主要用来解决如下几个问题：疾病或伤残的治疗问题，治病期间的收入损失问题，被保险人身故后其余家庭成员的生存问题，以及教育、养老等所需的现金流问题。

首先，保险可以应对疾病/伤残的治疗问题。

当一个人不幸患上疾病或遭受意外而伤残时，医疗费用可能成为沉重的负担。保险可以通过提供医疗费用赔偿或报销，帮助个人缓解这部分的经济压力。举例来说，购买一份意外险可能只需花费几十、上百元，而在不幸遭遇意外伤害时，却能得到数十万元的医疗费用报销或赔付补偿。

其次，保险可以解决疾病或意外导致的收入损失问题。例如，当一个人因疾病或意外事故而无法继续工作，收入减少时，他可以通过医疗保险和失能保险获得相关赔付，从而维系日常生活，减轻家庭的经济压力。

再次，保险可以解决被保险人身故后其余家庭成员的生存问题。现在很多家庭都背负着高额房贷，如果一个家庭主力成员在身故后没有留下足够的财富，可能会导致余下的家庭成员生活困难。寿险、年金险和意外险都可以通过提供身故赔偿金给予他们一定的财务支持，帮助他们渡过难关。

最后，保险还能够解决教育、养老等现金流问题。教育年金险、养老年金险、增额终身寿险等产品，可以帮助个人规划未来的现金流，确保子女教育、养老等重要方面的资金需求得到满足。

综上所述，我们可以明确保险的两大主要功能。

第一是保障，即风险管理。

简而言之，即通过保险，挽救一个家庭的经济生命。

那些遭受疾病或意外伤害的家庭，往往因为缺乏治疗费用而不得已卖车卖房，最后甚至背上沉重的债务。若能提前为家人配置好保险，这些风险将转嫁给保险公司。

第二是分担责任，也可以说是损失补偿。

对于一个上有老、下有小的家庭而言，如果家里的经济支柱突然得了重病或撒手人寰，唯有保险可以分担部分经济责任。通过低保费撬动高保额，我们可以利用保险来维系家庭的基本生活。

所以，保险的作用是分担责任，即分担家庭"顶梁柱"身上的经济责任，维系家庭财务安全，防止生活被意外重创。

有了医保，为什么还要买保险

在买保险前，经常有人会考虑到这样一个问题："我已经有了医保，还有必要再买商业保险吗？"

实际上，这种说法中存在几个关于保险的误解。

第一，以为社保中的医保和商业保险是一回事；

第二，觉得医保可以解决所有问题，包括治疗费用报销、全部药物费用等；

第三，觉得有医保报销就够了，没必要再用商业医疗保险报销。

其实，医保只能解决一部分问题，仍有很多问题并不能解决。

首先，医保的保障范围是有限的。

与商业保险相比，医保的优势很独特，它没有健康告知、不关联既往病史，只要参保就可以享受基本医疗保险的权利，其中居民医保在缴满一定的年份后，还可以终身享受基本医疗保险待遇。

但是，医保是基于大数法则来实现风险分散的，其核心理念是通过收入分配强调社会公平，是国家在医疗方面提供的最低保障。因此，医保的特点是广覆盖、低保障。

这个低保障主要是指医保的保障范围有限、报销比例有限。医保只报销医保目录内的部分消费；而且有起付线，也有封顶线，起付线以下不报销，封顶线以上也不报销，只有在此区间内的费用，才有可能得到报销。

简单来说，即

报销的医疗费用 =（治疗总费用 – 起付线 – 自费部分 – 自负部分）× 报销比例

同时要注意，报销的额度不能超过封顶线。

从上述公式中，我们能明显看出，即便有了医保，依然有很多需要自费和自负的部分，而且各地的报销起付线、封顶线、自费和自负部分也并不完全一致。

以长沙为例，长沙职工医保在一个自然年度内，职工门诊统筹起付标准为累计不超过 300 元，在职职工最高支付限额为 1500 元，退休人员最高支付限额为 2000 元。超过了或者未在规定医院就医就需要自己支付医疗费用。①

那医保具体能报销哪些项目呢？又有哪些项目需要自费和自负呢？

① 湖南省人民政府.湖南省人民政府办公厅关于印发《湖南省职工基本医疗保险实施办法》的通知[EB/OL].（ 2023-01-13 ） [2024-04-28].https://www.hunan.gov.cn/hnszf/szf/hnzb_18/2023/202301/szfbgtwj_98720_88_1qqcuhkgvehermhkrrgnckumddvqssemgdhcscguemrbsvtvegftmrskmsnbgghgvh/202301/t20230113_29182711.html.

甲类目录里的药品100%纳入报销范围，之后按规定比例报销；

乙类目录里的药品70%～95%报销，需要个人自付一定比例，剩下的部分纳入报销范围，再按规定比例报销。

丙类药，不报销，完全自费，多达十几万种，多为保健品类、高档药、新研制的药、特效药、抗癌进口药等。[①]

部分诊疗项目无法报销，或者报销比例不高，另外急救车费用、住院陪护费、洗理费和文娱活动费等也不能报销。[②]

其次，医保的报销比例不仅有限制而且地方差异大。

各地医保的报销比例并不相同。并且在部分地区只能去定点医院才能获得报销，在不同医院的报销比例也不一致。且不管是哪个地方的医保，都没办法做到100%报销。

与此不同的是，商业医疗险的报销比例更为统一，也更高，范围更广泛。尽管商业医疗保险也存在免赔额、报销比例和报销上限等限制，但一些社保外的高额医疗费用都是可以通过商业医疗保险来报销的。例如，百万医疗险的报销上限可高达200万元至600万元，覆盖医保外用药，有些甚至可实现100%报销。

[①] 国家医疗保障局.基本医疗保险用药管理暂行办法[EB/OL].(2020-07-31)[2024-10-31].https://www.nhsa.gov.cn/art/2020/7/31/art_37_3387.html.值得说明的是，规定中，乙类药品的报销比例并没有一个统一的固定值，而是由各统筹地区根据当地的医保基金承受能力和基本医疗需求等因素来确定。查询全国各省乙类药报销比例可知，极大部分省市的报销比例在60%～95%，极少数的，比如浙江省特定药品如糖尿病用药和抗高血压药等为99%。

[②] 中国医疗保险.医保报销范围有哪些？哪些不能报？[EB/OL].(2023-06-09)[2024-06-26].https://mp.weixin.qq.com/s/3E2k69i5kdWmh_l-fZhurA

同时，异地就医时，人们办理报销手续相当麻烦，但商业医疗险的报销流程则相对简单。另外，医保住院押金要先自付，而商业医疗保险，可以申请直接垫付住院押金或住院医疗费等费用，后续再结算。

可以说，商业医保是医保的重要补充。在面临巨额医疗费用时，医保的保障显然不足。在风险面前，就像士兵有了盾牌，最好再穿上护甲一样，只有添加多重保障，伤害值才能降至最低。

保险界的四大险种

在保险界，保障类产品中的重疾险、医疗险、意外险、定期寿险被俗称为"四大金刚"，它们能够有效应对生活中的疾病、意外和死亡风险。这四类保险之间的区别详见表4-1。

表4-1　保险界四大险种对比

险种		保障范围	应对风险	赔付方式	钱给谁
重疾险		重大病病	收入损失	给付型	自己/受益人
医疗险		疾病/意外医疗	巨额医疗费	报销型	自己
意外险	意外身故/伤残	意外身故/伤残	给家庭留下的债务	给付型	自己/受益人
	意外医疗	因意外导致的医疗费	巨额医疗费	报销型	自己
定期寿险		身故/全残	未尽的家庭经济责任	给付型	受益人

接下来，我们对这四个险种逐一分析。

重疾险

重疾险的起源可以追溯到 20 世纪南非的一位优秀的外科医生——马里尤斯·巴纳德（Dr. Marius Barnard）。

1981 年，一位 34 岁的女性患者在马里尤斯医生的诊所诊断出肺癌，经过手术治疗和后续治疗，她初步恢复了健康。可是，两年后病人再次来找马里尤斯·巴纳德医生看病时，居然病容满面、生命垂危。原来这位病人是一位单身母亲，因为有两个孩子需要抚养，术后的她马上投入了工作，夜以继日，心力交瘁。两个月之后，她就去世了……

这位妇女的去世深深地触动了马里尤斯医生。他意识到许多病人在康复过程中因经济困境而挣扎，甚至不得不在病情尚有机会治愈的情况下放弃治疗。他深刻地意识到，人们需要保险不但是因为人会死去，而是因为要活下去……一名医生可以医治一个人身体上的创伤，但只有保险公司能"医治"他经济上的创伤。

1983 年，马里尤斯医生与南非 Crusader Life 保险公司合作，开发出世界上第一款重大疾病保险产品，保障四种疾病：心肌梗死、脑卒中、癌症、冠状动脉搭桥手术。

据统计，当时 80％的医疗费产生于这四种疾病。1986 年，重疾险首次传入英国、加拿大、澳大利亚等国家，并迅速发展，涵盖的病种也已发展到 20 多种。1995 年，我国正式引入重疾险，并迅速普及发展。

上述故事实际上阐释了重疾险的意义。重疾险诞生的初衷，就是想让那些罹患重病的人能够拿到一笔钱，安心养病。

重疾险的全称是重大疾病险，指以保险合同约定的疾病的发生为给付保险金条件的保险。该保险通常覆盖上百种医药费耗费较多的重疾，比如恶性肿瘤（重度）、急性心肌梗死等，以及部分中症、轻症，并且会根据疾病的程度提供不同的赔偿金额。

重疾险属于给付型的保险，患符合条款约定的疾病，可直接获得相应保险金额（与基本保额相关）的赔付。比如买的是保额50万元的重疾险，若是确诊合同约定的重疾，就能获得50万元的理赔。这笔钱，保险公司不会管我们是用于治疗、康复、还是其他用途。

重疾险的保障主要体现在以下三个方面。

1.治疗费用。提供一定额度的疾病保险金，帮助支付十几万甚至上百万元的医疗费用。

2.康复费用。很多重疾现在还无法治愈，需要长期靠吃药或某种治疗方法控制病情，而理赔款能够帮助保户维持基本的生活水平。

3.收入损失。患者住院治疗或居家养病肯定会影响、耽误工作甚至失去工作。通过重疾险的赔付，其家人可以获得一定的经济补偿，减轻疾病造成的生活压力。

基于这三点，重疾险其实最适合家庭经济支柱或者经济责任重大的人群购买。

重疾险的核心就是重疾保障和收入补偿。目前保险行业把重疾险涉及的病种主要分为"重疾""中症""轻症"三大类。保险行业协会和医师协会共同制定了28种重疾及3种轻症的疾病定义及理赔条件的规范。但是目前市面上大部分的重疾险，除了涵盖这28种重疾及3种轻症外，还包括了若干保险公司自己定义添加的疾病类型（见表4-2）。

表4-2　28种重疾病种+对应的中轻症病种+3种轻症病种

28种重疾病种	对应的中轻症病种	3种轻症病种
1.恶性肿瘤——不包括部分早期恶性肿瘤	恶性肿瘤——轻度、原位癌	1.恶性肿瘤——轻度
2.急性心肌梗死	较轻急性心肌梗死	2.较轻急性心肌梗死
3.脑卒中后遗症——永久性的功能障碍	轻度脑卒中后遗症	3.轻度脑卒中后遗症
4.重大器官移植术或造血干细胞移植术——须异体移植手术	/	/
5.冠状动脉搭桥术（或称冠状动脉旁路移植术）——须开胸手术	冠状动脉介入手术、微创冠状动脉搭桥术	/
6.终末期肾病（或称慢性肾功能衰竭尿毒症期）——须透析治疗或肾脏移植手术	轻度慢性肾衰竭、单侧肾脏切除	/
7.多个肢体缺失——完全性断离	一肢缺失	/
8.急性或亚急性重症肝炎	肝叶切除术	/
9.良性脑肿瘤——须开颅手术或放射治疗	脑垂体瘤、脑囊肿、脑动脉瘤及脑血管瘤	/
10.慢性肝功能衰竭失代偿期——不包括酗酒或药物滥用所致	早期肝硬化、轻度慢性肝衰竭	/
11.脑炎后遗症或脑膜炎后遗症——永久性的功能障碍	中度脑炎后遗症或中度脑膜炎后遗症	/
12.深度昏迷——不包括酗酒或药物滥用所致	中度昏迷72小时，轻度昏迷48小时	/
13.双耳失聪——永久不可逆	单耳失聪、轻度听力受损、人工耳蜗植入术	/
14.双目失明——永久不可逆	单眼失明、视力严重受损、角膜移植	/
15.瘫痪——永久完全	中度严重瘫痪	/
16.心脏瓣膜手术——须开胸手术	心脏瓣膜介入手术	/
17.严重阿尔茨海默病——自主生活能力完全丧失	中度阿尔茨海默病	/
18.严重脑损伤——永久性的功能障碍	中度脑损伤、重度头部外伤	/

续表

28种重疾病种	对应的中轻症病种	3种轻症病种
19.严重帕金森病——自主生活能力完全丧失	中度帕金森	/
20.严重Ⅲ度烧伤——至少达体表面积的20%	轻度Ⅲ度烧伤（10%～20%）、轻度面部烧伤	/
21.严重原发性肺动脉高压——有心力衰竭表现	轻度特发性肺动脉高压、单侧肺脏切除	/
22.严重运动神经元病—自主生活能力完全丧失	中度运动神经元病	/
23.语言能力丧失——完全丧失且经积极治疗至少12个月		/
24.重型再生障碍性贫血	可逆性再生障碍性贫血	/
25.主动脉手术——须开胸或开腹手术	主动脉内手术（非开胸手术）	/
26.严重慢性呼吸功能衰竭		/
27.严重克罗恩病	中度严重克罗恩病	/
28.严重溃疡性结肠炎	中度严重溃疡性结肠炎	/

这常见的28种规定重疾已经占到了理赔比例的95%左右。对剩下的5%重疾，在选择产品时，我们可以优先回顾一下家族病史，不要过分纠结疾病种类，也不能简单以重疾险保障种类的多少来评判重疾险的好坏。

这28种重疾还有对应的中轻症，对于这些中轻症的病种，重疾险实行分级赔付，重的重赔，轻的轻赔，通常情况下，重疾确诊赔付100%基本保额、中症确诊赔付50%～60%基本保额、轻症确诊赔付20%～30%基本保额，特定重疾可能会赔付100%～120%基本保额。

要注意的是，有3种轻症统一规范名称（见表4-2）及赔付条件，其他轻症和中症则没有统一规范，各家公司病种不同。疾病定义存在差异，理赔条件也存在差异，在查看重疾险合同时，要仔细了解。

医疗险

医疗险指的是以被保险人的身体为保险标的，因疾病或意外事故造成伤害而需要进行医疗费用支出时，获得实报实销的一种保险。

我们常见的医保就是医疗险的一种。医疗险属于损失补偿型保险，即"用多少，报多少"，根据实际产生的医疗费用报销。

商业医疗保险的种类非常多，按照保障内容和保险额度来区分，主要有百万医疗险、中端医疗险、高端医疗险等。接下来，我们将重点介绍百万医疗险和惠民保这两种与大众关系密切的医疗险。

百万医疗险常作为医保的补充，用于报销医保内的自费部分和医保外需要自己支付的部分，其主要保障内容包括住院医疗、特殊门诊、门诊手术、住院前后门诊等费用，即在投保期间发生的合理且必要的治疗费用都可以得到报销。其特色是保额百万元起步，但保费可能仅需几百元一年。

百万医疗险的优势在于：保费低，全年龄段适用，特别适合预算有限的年轻人。保障额度高，一般产品报销额度上限是200万～400万元一年。报销比例高，一般不限社保用药，不限治疗手段，经医保报销后，超过免赔额部分可以做到100%报销；可以非常好地弥补医保报销"有目录范围，有报销比例，有报销上限"的不足，常用于补充社保报销。

百万医疗险一般有1万元左右的免赔额。所以它一般是用来保障大病医疗费用。由于它有着较高的报销上限及报销比例，可以很好地预防因大病而造成的较大经济损失甚至家庭经济破产。购买一份百万医疗险，就不需要各种大病筹款工具了。

除了一般的医疗费用保障外，很多百万医疗险还拓展了院外自费药保障。一些恶性肿瘤特效药，如部分靶向药，需要院外自费购药，价格很贵，这部分费用不在医保报销范围内，一般的医疗险也不支持院外购药费用报销。部分百万医疗险拓展了这方面的保障：指定特药清单中的药品到保险公司指定药房购买，就可以直接进行报销。除此之外，百万医疗险还有医疗费用提前垫付、就医绿通、在线问诊等增值服务。

百万医疗险通常对被保险人的年龄、职业，以及健康情况会有要求。医疗险一般都有健康告知的要求。简单说就是一个了解被保险人身体状况的问卷，根据实际情况填"是"或者"否"就行。国内保险的健康告知遵循的是有限告知，即询问告知。健康告知或保险公司问什么，就按要求如实回答什么，没有问到的不需要回答。保险公司会根据健康告知的情况，对投保人的申请做出标准体承保（正常承保）、除外承保、加费承保、延期承保、拒绝承保等决定。在购买百万医疗险时，我们一定要如实进行告知，否则会影响后续的理赔。

百万医疗险都是短期保险，交一年保一年，所以在购买时，必须考虑到续保风险。如续保时有费率上涨风险、停售风险，因健康情况变化不能正常续保风险，等等。因此，我们在选择百万医疗险时，一定要注意是否有保证续保条款。即：在保证续保期间内，按投保初期约定费率确定保险费；不因健康状况及理赔情况拒绝续保申请；不因产品停售终止保证续保权。目前市面上的产品保证续保周期最长的是 20 年，所以，同等情况下我们优先选择保证续保 20 年的产品。

惠民保，又称城市定制型商业医疗保险，是由政府牵头，联合商业保险公司推出的一款医疗险。惠民保具有价格亲民、性价比高、投保门槛低和保额高等优势，下到 0 岁小婴儿，上到百岁老人都能参保，而且它的健康告知要求很宽松，就算得过癌症也能买。因此，它对于年龄大，有既往症候的群体来说，是一款非常友好的保险。

惠民保，意在"惠民"，旨在为城市居民提供基本的医疗保障。主要有医保内自付费用、医保外自费费用及百种海内外特药费用等三大保险功能。

具体来说，医保内自付费用是指医保目录范围内的药品和医疗服务费用；医保外自费费用是指医保目录外的药品和医疗服务费用；百种海内外特药费用是指针对特定疾病或症状的药物费用。

惠民保的保障范围非常广泛，包括住院医疗、特殊门诊、门诊手术、住院前后门急诊等。

此外，惠民保还提供了专业的健康管理服务，包括健康咨询、健康档案建立、慢性病管理等，这些服务有助于被保险人更好地管理自己的健康状况。

但是，在健康告知和其他投保门槛能通过的情况下，我们仍更看好百万医疗险。因为相对来说，惠民保内容通常比较简单，且大多产品报销比例不高，免赔额高。

当然，如果还想要享受更好的医疗服务，还有中高端和高端医疗险可供选择。

意外险

意外险，即意外伤害保险，提供被保险人因遭受意外伤害事故而死亡、伤残或门诊、住院医疗等的保险赔偿。

判断某个事故是否属于意外，我们只需要看它是否符合以下四点，即"突发的、外来的、非本意的、非疾病的"。比如，交通事故大多属于意外，而中暑则不属于，因为中暑是一种可以人为避免的疾病。

我们通常说的意外险，包含意外身故、意外伤残、意外医疗三个方面。成年人建议重点关注意外险的保额，意外医疗部分不是关注的重点，保证有一个高保额就好。而孩子和老年人由于不承担家庭责任，所以建议购买时重点关注意外医疗部分，而保额并不是核心。

意外事件在我们日常生活中很常见。在四大类保险中，意外险的价格相对较为便宜，一般都是年度保单，用几百元就能购买覆盖面广、保额高的产品。低保费换来高保额，杠杆效应十分明显。对家庭来说，用一顿饭的价格就能买到全年的安全保障，效益非常高。

目前市面上的意外险和医疗险一样，大多数是短期的，不过意外险大部分不存在出于身体原因需要续保审核的情形，也不存在较长的等待期，所以市面上的产品更新很快。今年买的产品可能明年就没有竞争力了，这时候可以直接换一家，并不会有太大的影响。

另外，一些人买意外险会比较关注住院津贴、救护车费用、法律费用等，但这部分津贴是要额外购买的，而且只是起到一个锦上添花的作用，并不是很重要。只要根据自己的需求，挑选具备合适的保额和意外医疗部分的产品就行。

定期寿险

寿险是人身保险的一种，是以被保险人的寿命为保险标的，且以被保险人的生存或死亡为给付条件的一种人身保险。

寿险是在被保险人死后给家人赔偿一笔钱，其实就是在赔付一个人的生命值。所以，买寿险的意义一方面在于人不在了，爱和责任还在。另一方面，寿险还能用来承接保险金信托资产、规划遗产等。因此，寿险最适合经济责任重大且需要长期生活保障的人群购买，可以为家人提供强有力的财务支持。

寿险分为一年期寿险、终身寿险和定期寿险三大类。

一年期寿险，一般交一年保一年，保费会自然增长，灵活简单，不过存在续保问题，如果身体状况不好了，第二年可能就买不了。这类产品比较适合预算不足的年轻人作为临时保障。

终身寿险，顾名思义就是保终身的产品。人固有一死，所以购买终身寿险，是一定可以获得赔偿的。其价格比较高，适合预算充足的人群。终身寿险的现金价值通常比较高，可以灵活运用，做理财储蓄等用途。

定期寿险，只保障一段时间，比如10年、20年，或者保至60岁或70岁。正常来讲，60岁以前的死亡发生率并不高，但因疾病身故或意外身故的风险也不可忽视，对于家庭经济支柱而言，花很少的钱，就可以获得极高的保额。

保障类产品中，我们主要关注的是定期寿险。定期寿险最大的作用就是保障我们的家庭不会因为经济支柱的离世而陷入危机。因此很多人为了让自己的家庭得到更好的保障，会在自己壮年时投保定期寿险，保障至自己退休。老人和小孩并不承担家庭经济责任，发生意外的话不会影响家庭经济的正常运转，因此他们并不合适投保定期寿险。

以上四大类保险各有侧重，共同保障了家庭财产的安全。

个人保险配置方案

由于不同年龄段人群面对的风险不一样，在保险的选择上也是不尽相同的。不同年龄个体的保险配置选择具体可参考表4-3。

表4-3　个人应该选择怎样的保险配置

不同险种	儿童	成人	老人
意外险	√	√	√
定期寿险	×	√	×
医疗险	√	√	√
重疾险	√	√	×
教育险/养老险	√	√	√

家中小孩的保险配置方案

给小孩购买保险，家长通常都比较关心，因此也容易踏入一个误区：先给小孩买保险。但父母才是孩子最大的保障，换句话说，我们在配置保险时要遵循的一个核心原则是，先给父母买，再给孩子买。

除此之外，给孩子购买保险还要遵循以下几个原则：

1.先近后远，先急后缓。应该首先关注孩子身边的风险，再考虑相对较远的风险。同时，要先关注高发、突发、风险大的风险，再考虑低发、缓发、风险小的风险。

2. 先保障后理财。父母应该先为孩子购买意外险、医疗险等基本保障型保险，再考虑教育金等收益型保险。

3. 保额要适当。孩子的保额应该根据家庭经济状况和保险需求来定，过度负担高保费的话，可能会影响生活质量。

给孩子选择和配置具体的保险产品时，还需要注意以下几点：

1. 教育金不是必要的，应该根据家庭经济状况和保险需求来决定是否购买。

2. 不建议给儿童购买寿险。根据原银保监会规定，未满 10 岁的儿童，其死亡保险金给付总和要控制在 20 万元之内；满 10 岁但在 18 岁以下的孩子身故保险金的给付总和要控制在 50 万元之内。

此外，儿童、少年对家庭并不承担经济责任。如果孩子不幸去世，给家庭带来更多的是精神上的损失，经济损失相对比较小。所以，寿险这类产品更适合家庭经济支柱购买。

3. 意外险一定要买。意外险保费不高，但能保障孩子常见的触电、溺水、猫抓狗咬、磕磕碰碰、烫伤、交通意外等各种意外伤害。

4. 医疗险和重疾险一定要买。医疗险和重疾险都属于健康险，儿童、青少年病症多样，通常也包含一些高发的疑难杂症。如果选购的健康险中包含了这些高发疾病，那么买一份健康险不但不会亏，还可能弥补看病造成的损失。并且，对于一些重疾产品，年龄越小，保费上也越有优势。

了解了具体原则之后，我们就可以给孩子选保险配置方案了。

假如说小李家年入 30 万元，每年给孩子的保险配置预算是 1500 元，他家该怎么给孩子配置保险呢？

我们可以看一份当下比较适合工薪家庭的儿童保险配置方案，年总花费 1200 元左右（见表4-4）。

表4-4　年保费1200元预算的优选组合

保险险种	产品名称	保障时间	缴费时间	年缴保费	保额	保障内容
重疾险	**少儿重疾险	30年	20年	710元	50万元	重疾：128种，赔3次，首次赔付比例100%，第二、三次120% 中症：30种，最多6次，60% 轻症：51种，最多6次，30% 特定重疾：20种，1次，额外赔120% 罕见病：16种，1次，额外赔200%
意外险	小**3号	1年	1年	68元	20万元	意外身故：20万元 意外伤残：40万元 意外医疗：4万元
医疗险	*医保百万医疗险	1年，保证续保20年	1年	379元	400万元	一般医疗：200万元 特定疾病：200万元 重疾医疗：400万元 重大疾病关爱保险金：1万元
0岁男孩，每年保费1157元						

这个组合一年只需要 1157 元，保障却很全面，涵盖了少年儿童需购买的三类险种，保额和保障时间也比较合适，可全方位减少孩子因意外、疾病等而产生的费用，让家长更省心、更放心。

成人的保险配置方案

成人的保险配置优先级要高于小孩。特别是肩负着家庭经济责任的成年人，更需要考虑配置重疾险、意外险、定期寿险和百万医疗险等。

这里我们基于 18 ～ 40 岁人群，根据不同的年龄段和经济能力，给出了两种可参考的配置方案。

表4-5 的保险配置方案每年保费 3500 元，折合每个月 300 元左右，适合初入职场的年轻人。

表4-5　年保费3500元预算的优选组合

保险险种	产品名称	保障时间	缴费时间	年缴保费	保额	保障内容
重疾险	****9号	至70岁	30年	2900元	50万元	重疾：110种，赔1次，赔付比例100% 中症：35种，与轻症累计最多赔6次，赔付比例60% 轻症：40种，最多6次，赔付比例30% 特定疾病豁免保费
意外险	大**5号	1年	1年	150元	50万元	意外身故/伤残：50万元 意外医疗：5万元 急性病身故（含猝死）：30万元
定期寿险	**定期寿险	20年	20年	250元	50万	身故/全残：50万元
医疗险	*医保百万医疗险	1年保证续保20年	1年	200元	400万	一般医疗：200万元 特定疾病：200万元 重疾医疗：400万元 重大疾病关爱保险金：1万元
24岁男性，每年保费3500元						

这份保险组合，重疾险可以保终身，定期寿险保 20 年，确保了被保人在工作的黄金年龄不会被疾病造成的经济问题困扰。

如果觉得保额不够，可以等过几年收入稳定后再加保。年轻的时候，量力而为即可，千万不能因为盲目购入保险而影响个人的收支状况。

30 岁以上，已经具有一定经济实力和储蓄的人士可以参考表 4-6 中的配置方案。

表4-6　年保费8261元预算的全面组合

保险险种	产品名称	保障时间	缴费时间	年缴保费	保额	保障内容
重疾险	**9号	保终身	30年	5430元	50万元	重疾：110种，赔1次，赔付比例100% 中症：35种，与轻症累计最多赔6次，60% 轻症：40种，最多6次，30% 特定疾病豁免保费
意外险	**5号（至尊版）	1年	1年	288元	100万元	意外身故/伤残：100万元 意外医疗：10万元，不限社保意外 住院津贴：150元/天 意外重症（ICU）住院津贴 猝死：50万元
定期寿险	***旗舰版	保至70岁	交30年	2296元	100万元	身故/全残：100万元
医疗险	**长期医疗保险	1年	1年	247元	400万元	基本医疗：200万元 特定疾病：200万元 重疾医疗：400万元 特定药品：200万元（可选）
30岁男性，每年保费8261元						

这一组合涵盖了保至终身的重疾险，缴费年限定为30年，最大限度缓解了缴费压力，特定疾病豁免保费，再次减轻了重疾压力。

意外险方面选择了一份短期意外险，保障范围非常广，还包含住院津贴。

医疗险依旧选择了保额高达400万元的百万医疗险，定期寿险保至70岁，基本上满足了保障需求。

如果觉得保费过高，可以选择保证续保至60岁的定期寿险，或者降低重疾险保障年限。经济实力不充足的时候，切记不要贪多，以免造成家庭经济不必要的负担。

老年人的保险配置方案

为老年人进行保险配置时，我们可以遵循两点原则：

第一，目前市面上大部分的重疾险产品是不允许50岁以上的人投保的，所以如果想为中老年人买保险，却买不到重疾险时，可以选择防癌险作为同类替代。

第二，老年人的寿险费用会比较高，老年人不是家中的经济顶梁柱，这部分保费支出完全可以省下来，选择配置更好的医疗险、意外险来为老年人增加保障。

下面我们根据不同情况，给出了老年人的保险配置方案，供大家参考。

表4-7是在老年人身体健康的情况下的保险方案。这款产品组合的保费不算高，年保费1398元就能够撬动450万元的保额杠杆，且保障全面。

表4-7　老年人身体健康情况下的保险方案（年保费1398元）

保险险种	产品名称	保障时间	缴费时间	年缴保费	保额	保障内容
意外险	**意外险	1年	1年	169元	50万元	意外身故/伤残：50万元 意外医疗：2万元，不限社保 猝死：30万元
医疗险	**长期医疗保险	1年	1年	1229元	400万元	基本医疗：200万元 特定疾病：200万元 重疾医疗：400万元 特定药品：200万元（可选）
60岁男性，每年保费1398元						

如果老年人身体存在疾病，就不能投保百万医疗险了。作为替代，市

面上通常推荐防癌医疗险，这类产品的健康告知比较宽松，即使被保人存在一定的健康问题也可以投保，而且年龄限制门槛要低很多（见表4-8）。

表4-8 老年人身体欠佳情况下的保险方案（年保费1271元）

保险险种	产品名称	保障时间	缴费时间	年缴保费	保额	保障内容
意外险	**意外险	1年	1年	169元	50万元	意外身故/伤残：50万元 意外医疗：2万元，不限社保 猝死：30万元
医疗险	父母防癌医疗产品	1年	1年	1610元	400万元	癌症医疗：400万元特定药品；400万元不限社保，100%报销
60岁男性，每年保费1271元						

出于身体原因，有些老年人可能无法投保其他医疗险，但购买一份防癌险至少能够在罹患恶性肿瘤时获得保障。

从上面可以看出，保险涉及多个家庭成员，方方面面都要考虑。每个家庭的经济情况、成员的身体状况和保险需求都不同，最合适的保险方案也不尽相同。对此，我们将在下一节继续深入探讨。

个人保险购买案例

单身年轻人"一人吃饱全家不饿"，还需不需要配置保险？

答案是需要。一方面，重症年轻化早已成为不容忽视的趋势；另一方面，年轻人的财务压力不小，一场突如其来的疾病也可能会对财务状况造成很大的打击。

有调查显示，目前我国主要城市的白领亚健康比例高达76%。处于过劳状态的白领接近六成，真正意义上的健康人比例不足 3%。[①]

其中，白领女性更容易受到妇科、心脑血管疾病的威胁，男性则可能面临猝死、过劳、癌症等问题。

单身人士生了大病，如果没有人帮扶，很可能会花更多的钱在医疗和康复上，之后甚至需要花费更长时间来恢复经济损失。所以即便是单身，也需要配置保险。

单身人士应该如何根据自身情况配置保险？我们通过一个案例来看。

【案例】

吴女士今年 27 岁，单身，坐标北方一线城市，在老家某三线城市有房有贷款，每月需还贷 2000 元，年收入总计 15 万元，一年大致可存 5 万元，因为买房，目前存款为零。

老家有父母，父母临近退休，有退休金，但合起来只有 3000 元 / 月。

【风险需求分析】

（1）因为吴女士目前单身且无存款，遇到大额支出的话会比较麻烦，所以要做好重疾和意外方面的保障，解决大额支出方面的难题。

（2）考虑到她有存款需求，为了在看病吃药时能减轻负担，她可以选择配置百万医疗险。这样，当发生免赔额以上的医疗花销时，她就能拿到更多的报销。

（3）吴女士有父母要供养，为防意外，定期寿险她也需要考虑，这意味着即便她因意外而离世，父母也能通过保险赔偿金活下去。

[①] 中新网.城市白领亚健康比例达76%　六成处过劳状态[EB/OL].（2010-02-01）[2024-04-28]. https://www.chinanews.com/jk/jk-ysbb/news/2010/02-01/2101483.shtml.

【确定保额和期限】

吴女士配置的重疾和意外险的保额要尽可能高，不过考虑到她有房贷和无存款，有短期内的储蓄需求，可以适当控制预算，采取重疾险和定期意外险的配置。

医疗险可以优先配置百万医疗险，低保费高保额，适合像她这样预算不足的年轻人。

寿险也宜采用定期寿险，花费不多。

综合以上考虑，我们给出以下建议方案（见表4-9）。

表4-9　单身人士的保险配置方案（年保费3490元）

保险险种	产品名称	保障时间	缴费时间	年缴保费	保额	保障内容
重疾险	****9号	保至70岁	30年	2830元	50万元	重疾：50万元，60岁前重疾翻倍赔 中症：30万元 轻症：15万元 特定疾病豁免保险费
意外险	大**5号	1年	1年	150元	50万元	意外身故/伤残：50万元 意外医疗：5万元 急性病身故（含猝死）：30万元
定期寿险	**年华	20年	20年	271元	50万元	身故/全残：50万元 含猝死25万元关爱金
医疗险	**长期医疗保险	1年	1年	239元	400万元	基本医疗：200万元 特定疾病：200万元 重疾医疗：400万元 特定药品：200万元（可选）
27岁单身人士，每年保费3490元						

家庭保险配置方案

家庭保险配置的基本原则

在给家庭定制保险配置时，有以下几个基本原则。

原则1：先大人后小孩

表面上看，孩子更需要保险，很多家长也倾向于优先考虑孩子的保险。但实际上，父母才是孩子最大的保障。父母一旦出现风险，家庭失去了经济来源，孩子可能连基本生活都成问题，保险的缴费就更不用提了。所以购买保险要"先大人后小孩"。

原则2：先保额后保费

买保险的意义就在于获得充足的报销额度及赔付。在选择保险产品时，我们应该优先考虑所需的保额，然后再根据自身经济状况来确定所能承受的保费。这样就可以保证我们在面临风险时能够得到充分的保障，同时也不会因为保费过高而承受过大的经济负担。

原则3：先需求后产品

买保险时，很多人都过于关注网上对保险产品的分析，常常忽略自己到底需要什么。其实，每个人、每个家庭情况不同，产品搭配也不同，我们首先要做的是理清我们的需求，再根据需求合理匹配产品。

原则4：先保障后理财

保障是保险的最大作用。我们购买保险的主要目的是获得高额的保障，而不是为了通过保险进行理财。一些分红型、理财型的产品，保障额度一般比较低。需要在配齐保障型产品的基础上再作考虑。

原则 5：控制保险购买费用

保险费的支出控制在年收入的 5%～10% 之间为宜。保险是为了应对风险，以防万一，如果因为买保险而影响了正常生活，那就本末倒置了。

3～4 人小家庭保险方案

有了孩子之后，父母将面临更大的责任和压力。不敢生病、努力工作是很多都市父母的内心写照，那这样的家庭该如何配置保险呢？

基于"先大人后小孩"这一原则，我们建议一孩家庭的保险可以如下配置：

- 夫妻俩：意外险 + 百万医疗 + 重疾险 + 定期寿险
- 孩子：意外险 + 百万医疗 + 重疾险

具体的配置逻辑让我们通过一个例子来说明。

【案例】

雷先生生活在某省会城市，是一家公司的中层主管，年收入 30 万元，经常出差。雷先生一家三口，他和妻子都是 33 岁，孩子 4 岁，雷太太是全职妈妈。另外，雷先生家有房子一套，房贷 100 万元。

【风险需求分析】

（1）雷先生是他们家唯一的收入来源，妻子、孩子、房贷都靠他一人供养，如果他不幸罹患大病或身故，整个家庭会遭受毁灭性打击。所以雷先生的保障，一定要足额全面。

（2）妻子虽然全职在家，但是疾病和意外风险同样存在，因此相关保障还是要做到位，不过考虑到预算，她和丈夫的保额可以有所侧重。

（3）孩子很快就要上学，刚入学的孩子难免磕磕碰碰、头疼脑热，所以对应的意外险和医疗险也要配齐。

【确定保额和期限】

结合雷先生家的主要收入来源、房贷和孩子教育等情况，定期寿险保额设定——雷先生200万元，雷太太100万元；重疾险保额初步设定——雷先生50万元，雷太太30万元。

雷先生工作辛苦，出差比较多，旅行意外、交通意外的风险较大，他又是家里的顶梁柱，所以意外险的保额要做足。参考他的家庭条件，意外险保额设定：雷先生100万元，同时意外险里最好涵盖猝死和交通意外专项保额。

孩子的保险配置，重点关注意外医疗和门诊医疗的保额，同时儿童大病的风险不容忽视，儿童重疾险的保额也要做足。

基于以上内容，那么最终保障方案如表4-10所示。

表4-10　雷先生家的保险配置方案

被保险人	保险险种	产品名称	保额	保障期限	缴费期限	每年保费	保障内容
雷先生 33岁	重疾险	**9号重疾险	50万元	终身	30年	5960元	重疾保额50万元，中症30万元，轻症15万元，特定疾病豁免保险费
	定期寿险	**定期寿险	200万元	30年	30年	2914元	最高免体检额度保额达400万
	医疗险	**医保	400万元	1年保证续保20年	1年	297元	一般医疗：200万 重大疾病：400万 特定疾病：200万元
	意外险	**5号意外险	100万元	1年	1年	288元	意外身故/伤残：100万元，意外医疗：10万元，急性病身故（包括猝死）：50万元
雷太太	重疾险	**重疾险	30万元	终身	30年	3297元	重疾保额30万元，中症保额18万元，轻症保额9万元，特定疾病豁免保险费
	定期寿险	**定期寿险	100万元	20年	20年	465元	身故/全残保险金：100%基本保额
	医疗险	**医保	400万元	1年保证续保20年	1年	297元	一般医疗：200万元 重大疾病：400万元 特定疾病：200万元
	意外险	**5号综合意外险	50万元	1年	1年	190元	意外身故/伤残：50万元，意外医疗：5万元，急性病身故（包括猝死）：30万元
雷先生孩子，4岁	重疾险	**少儿重疾险	50万元	30年	20年	780元	重疾保额50万元，中症30万元，轻症15万元，特定疾病60万元
	医疗保险+意外险	**门急诊保险	20万元	1年	1年	588元	意外身故/伤残20万元，意外医疗2万元，疾病住院医疗2万元，少儿特定疾病：10万元
全家3人，每年保费合计：15076元							

通过每年15076元的保额，全家可以获得的保障如下。

雷先生：

重疾保障：50万元（终身）

疾病身故保障（定期寿险）：200 万元

意外身故保障（定期寿险 + 意外险）：300 万元

医疗保障：400 万元 +10 万元（意外医疗）

雷太太：

重疾保障：30 万元（终身）

疾病身故保障（定期寿险）：100 万元

意外身故保障（定期寿险 + 意外险）：150 万元

医疗保障：400 万元 +5 万元（意外医疗）

雷先生的孩子：

重疾保障：50 万元（至 34 岁）

意外身故保障：20 万元

医疗保障：2 万元（疾病住院）+2 万元（意外医疗）

因为雷先生是家庭经济支柱，所以重疾险、定期寿险、意外险的保额需配置充足，以防雷先生因重病或身故而给家庭带来毁灭性打击。

雷太太全职在家看孩子，她和孩子面临的风险相对较小，家庭责任也较轻，为了控制预算，保额相对做了压缩，但已满足相应的风险转移需求。

如果妻子也是家庭中重要的经济支柱，那么夫妻双方可以根据各自的需求均衡配置保障，确保能够满足风险转移的需要。

三代同堂保险方案

通常，三代同堂家庭的特征是夫妻二人收入稳定增长，但要兼顾孩子教育和赡养父母，面临巨大的经济压力，身体健康也在走下坡路。

在这种家庭中，夫妻二人的配置方案，可以参照单身人士的配置方案，重疾险、意外险、百万医疗险都应兼顾，另外还要增加一个寿险，因为夫妻俩是家庭的主要经济来源，不容有失。

【案例】

祝先生和妻子今年都是33岁，孩子3岁。坐标某一线城市，有一套房，房贷250万元，每个月需要还款约7500元。夫妻二人都是上班族，年收入总计50万元，平时孩子由祝先生年过六十的父母照顾。

【风险需求分析】

（1）祝先生和妻子都是家里的重要收入来源，二人的保障都要做到位，特别是重疾险和定期寿险的配置。

（2）祝先生的孩子正处于儿童疾病的高发期，生病住院的可能性较大，所以孩子的重疾险和少儿医疗险要配齐。

（3）祝先生一家和父母同住；父母均已超过60岁，腿脚不太灵便，患病风险也在增加，父母的健康和医疗问题也需要重视。

【确定保额和期限】

（1）祝先生和妻子的重疾保额要做足，因有大额房贷要还，也可以适当拉长保险缴费期限，降低缴费压力。

（2）寿险保额不仅要考虑房贷，还要考虑未来孩子的教育和父母养老问题，所以寿险保额可以设定为300万元，期限可以设定为30年，或到60岁。

（3）孩子和父母的保险配置重在医疗和意外，不过受限于年龄，保额并不会太高。

基于以上分析，最终保障方案如表4-11所示。

表4-11 双职工家庭的保险配置方案

被保险人	产品类型	产品名称	保额	保障期限	缴费期限	每年保费	保障内容
祝先生和祝太太，均33岁	重疾险	**9号重疾险	50万元	终身	30年	5960元（先生）5495元（太太）	重疾保额50万元，中症30万元，轻症15万元，特定疾病豁免保险费
	定期寿险	**A款定期寿险	300万元	20年	20年	2796元（先生）1395元（太太）	最高免体检额度保额达400万元
	医疗险	**医保	400万元	1年保证续保20年	1年	（297×2）元	一般医疗：200万元 重大疾病：400万元 特定疾病：200万元
	意外险	**5号成人意外险	50万元	1年	1年	288×2元	意外身故/伤残：50万元，意外医疗：5万元，急性病身故（包括猝死）：30万元
祝先生孩子，3岁	重疾险	**少儿重疾险	50万元	30年	20年	750元	重疾保额50万元，中症30万元，轻症15万元，特定疾病60万元
	医疗险	**医保	400万元	1年保证续保20年	1年	319元	一般医疗：200万元 特定疾病：200万元 重疾医疗：400万元 重大疾病关爱保险金：1万元
	意外险	小**3号	20万元	1年	20年	68元	意外身故：20万元 意外伤残：40万元 意外医疗：4万元
祝先生父母，61岁	医疗险	安**防癌医疗险	200万元	1年	1年	（617×2）元	癌症确诊费用保险金，保额200万元；癌症治疗费用保险金，保额200万元
	意外险	**5号父母意外险	20万元	1年	1年	（318×2）元	意外身故/伤残20万元，意外医疗5万元，意外住院津贴80元/天，意外重症（ICU）津贴320元/天，意外骨折/脱臼12000元，意外救护车费用1500元

全家5人，每年保费合计：19823元

在这个方案中，祝先生全家每年所缴保费为 19823 元，占扣除房贷后的家庭年收入的 4.8%，通过系统的保险配置，全家可以获得的保障如下。

祝先生和祝太太：

重疾保障：50 万元（终身）

疾病身故保障（定期寿险）：300 万元

意外身故保障（定期寿险 + 意外险）：350 万元

医疗保障：400 万元 +5 万元（意外医疗）

祝先生孩子：

重疾保障：50 万元（至 33 岁）

意外身故保障：20 万元

医疗保障：400 万元（疾病住院）+4 万元（意外医疗）

祝先生父母：

癌症医疗保障：200 万元

意外身故保障：20 万元

医疗保障：5 万元（意外医疗）

因为祝先生和祝太太都是家庭的重要收入来源，所以重疾险和定期寿险的保额配置比较均等；另外，考虑到祝先生夫妇有较大的财务负担，所以夫妻二人的寿险和意外险保额都定得较高。

同时，给祝先生的孩子和父母也配置了全面的保险，保额也比较充足，可以有效防范大病和意外风险。

以上内容仅作为参考。在进行保险配置时，大家还是要根据自身身体、财务等方面的实际情况，具体问题具体分析。通常，关于保险的个性化配置问题，我们可以和保险顾问进行沟通。希望大家用好保险这个工具来保障我们的家庭和我们的一生。

保险进阶

除了前文中提到的常见的保险，还有一些我们不常接触到的保险，比如中高端医疗险、香港保险，以及保险金信托，下面我们就逐一介绍。

中高端医疗险

与普通的医疗险相比，中高端医疗险具有全球医院报销、理赔限制少、保额高、医疗项目全数赔偿以及就医高水平服务等特点。它是适合我们的保险吗？下面让我们一起来看看。

什么是中高端医疗保险

中高端医疗保险，又称为国际医疗保险，是在新医疗保险改革的大背景下，由保险公司专门针对市场上的保险需求推出的一种保险。它是一种保额高，能打破国家医保用药的限制，并且涵盖全球联网医疗费用的保险。

中高端医疗险的保障范围通常包括住院医疗、门诊医疗、特殊医疗等多个方面。住院医疗保障又囊括了病房费用、护理费用、药品费用等多个方面，保障十分全面。门诊医疗保障则包括了一系列的门诊服务，例如专家门诊、特殊检查、疫苗接种等，能够提供更加便捷、高效的医疗服务。

特殊医疗保障则包括了整形外科、康复治疗、中医治疗等多个方面，能够满足中高端收入人群对于个性化医疗服务的需求。

除了保障范围广泛，中高端医疗险还提供了更加优质的医疗服务。例如，中高端医疗险通常会与全球知名的医疗机构合作，提供高端医疗服务，包括国际先进的医疗技术和设备、舒适的病房设施、专业的医护人员等。此外，中高端医疗险还可以提供更加便捷的理赔服务，例如在线理赔申请、快速审批等，让客户能够更加高效地获得理赔。

中高端医疗险种中的高端医疗险更具备高保额、就医直付、突破国家医保限制、覆盖范围广，以及优质的就医体验和医疗资源调配等多项优势，是一些从事跨国工作的高收入人群的首选。

高保额指的是高端医疗险的保额往往有几百万元，甚至上千万元，能够为被保人提供充足的保额。

就医直付是指由保险公司与医院直接进行结算，不需要自己掏钱来垫付费用，这样就不用担心会出现来不及筹集资金而耽误治疗的情况。

突破国家医保限制，这里指的是不限制社保内报销，社保外的药品、进口药和医疗器械等都可以报销，为患者减轻了不少医疗费用的压力。

至于覆盖范围广，则是指高端医疗险不限定医院，无论是公立医院、私人医院，还是外资医院，抑或是国内特需医院，甚至国外的医疗机构都可以就诊；而且不限定医疗服务种类，涵盖中医疗法和物理疗法等；不限于刚性医疗需求，比如看牙、看近视眼、进行体检和打疫苗等非刚性需求也能报销；并且无药品治疗项目等限制，比如在医保中人血白蛋白（注射剂）仅限给抢救、重症或因肝硬化、癌症引起胸腹水的患者使用，且白蛋白低于 30g/L 时才能报销，高端医疗险则无此限制。

优质就医体验和医疗资源调配，一般指的是异地紧急就医、二次诊疗、海外就医、优质住院条件、疫苗安排、康复治疗、专人陪护、权威专家问诊和私立医院服务，甚至全球救援服务等。

总的来说，多数中高端医疗险属于消费型保险产品，保费是交一年保一年的，当然，不同保险公司推出的中高端医疗保险产品所保障的范围也各有侧重，不同中高端医疗保险的保费也都不同，但最核心的体现还是投保人对品质医疗服务的追求。

中高端医疗保险适合哪些人投保？

中高端医疗保险是一种特殊的医疗保险，保额费用往往比普通医疗保险高很多。

首先，我们要了解一下各种医疗险的特点。医疗险主要分为四大类：普通医疗、中端医疗、专项医疗及高端医疗。这几种医疗险之间的区别具体如表 4-12 所示。

表4-12　四大医疗保险

种类	价格范围/（元/年）	保障内容	特色和限制
普通医疗保险	100～2000	住院、门诊、药品、检查等基本医疗保障	提供基本医疗保障，但报销限制在公立医院二级及以上医院，不含特需部、vip病房、国际部，适合大多数人
中端医疗险	800～6000	在普通医疗险的基础上，增加了特需部门就诊、进口药品使用、高端检查等保障	提供更为全面的医疗保障，除了公立二级及以上医院之外，还可以报销在公立医院的特需部、vip病房、国际部产生的费用，适合有一定预算的人群

种类	价格范围/ （元/年）	保障内容	特色和限制
专项 医疗险	根据具体 项目而定	针对特定疾病或治疗方式的医疗保障，如重症医疗、癌症医疗、心血管疾病医疗等	提供针对特定疾病的医疗保障，适合有特殊需求的人群
高端医疗险 （国内版）	1000~ 10000	覆盖国内高端医疗机构，包括特需医院、私立医院等医院的花费报销	提供高端医疗资源，通常提供100%报销，适合高收入人群
高端医疗险 （亚洲版）	3000~ 50000	在国内的基础上，增加了亚洲其他国家和地区的医疗保障	提供更广泛的医疗保障，通常提供100%报销，适合经常在亚洲旅行或工作的人群
高端医疗险 （全球版）	5000~ 300000	在全球范围内提供医疗保障，包括美国、欧洲等国家和地区的顶级医疗机构的医疗保障	提供全球范围的医疗保障，通常提供100%报销，适合高收入、高要求的全球旅行者

注：以上价格范围仅供参考，具体价格将根据产品类型、保额、保险公司和地区等因素而异。

其次，在购买中高端医疗险前，我们要先明确自己的就医需求和预算。

如果投保人需要出国就医或旅游，可以选择购买中高端医疗保险，因为这类保险通常覆盖更多的海外医疗费用。

如果投保人有更高的就医和保障需求，或需要更舒适的医疗环境，也可以选择购买中高端医疗保险，因其能够覆盖更多私立医院和其他更多医疗项目和服务的报销。

如果投保人预算充足，每年都可能有较大的医疗开销，或有孕产、体检、眼科矫正、牙齿矫正、医美等非刚需性特殊福利需求，且想要更高水平的就医体验，也可以直接入手一份高端医疗保险。一是可以省下不少医疗花销，二是能得到更好的就医服务体验。

但有时候有钱的人却未必需要买高端医疗险。如高端医疗险国内版，也就比中端特需医疗险多出了私立医院的就医报销而已。所以，按需求选择合适的中高端医疗险就可以，没必要一定买最高端、覆盖最广的；刚好能覆盖自己的需求且在预算范围内的，就是最合适的。

中高端医疗保险购买实操

中高端医疗险的购买可以参考以下步骤。

1. 确定就诊地区。

中高端医疗险的保障可选中国、全球（除美国和加拿大）或全球等各种保障区域。当然就诊地区越广，保费的价格也会相应地增高。

2. 确定保障范围。

中高端医疗险一般都会包括住院责任、门诊责任和社保内外用药，有的产品也包括齿科就诊、孕检常规体检等项目。同样地，保障范围越大，保费也会相应地增高。

3. 确定免赔额与报销比例。

须确认免赔额个人能否承担，是否会对生活造成较大影响，医保报销部分能否相应抵消免赔额。另外，尽量选择低免赔额、100％比例报销的产品，这是比较理想的状态。

4. 确定就诊医院。

一般主要是看是否包含私立医院和国际医院，保障越高端，价格也越贵。

5. 认真查看责任免除的部分。

一般情况下免责条款越少越好。

6. 续保的问题也需要进行确认。

中高端医疗险通常是按年缴纳保费，且其续保条件一般较为苛刻。大部分保险公司只会做出可连续投保的承诺，但不会做出不针对个人加钱这样的承诺，所以挑选中高端医疗险也需要关注续保的部分。此外，虽然中高端医疗险不会轻易停售，但是也有因经营问题而停售的支出高昂的中高端医疗险。因此建议选择经营比较稳定的公司投保。

香港保险

香港保险与内地保险的对比

香港保险是指由香港的保险公司提供的保险产品及服务。香港保险同样范围广泛，涵盖人寿保险、健康保险、车辆保险、家庭财产保险等。

和内地保险对比，香港保险的优势主要有两点：一是保险行业发展历史悠久；二是对接国际社会，更加成熟。

但是内地保险在互联网的带动下，近年来涌现出丰富多样的保险产品，其中不少更是以高性价比著称，得到很多消费者的青睐。

香港保险与内地保险的性价比差异，主要是由当地疾病发生率、人均寿命等因素造成的。比如，联合国人口基金会在 2018 年发布的《世界人口状况调查报告》显示，香港地区女性平均寿命 87 岁，男性平均寿命 81 岁，处于全球领先水平。人均寿命长，寿险产品自然就不贵，因为"短寿"的消费者比例低。[①]

---

① 遐迩周刊.香港超越日本 成全球最长寿地区（7大秘诀）[EB/OL].(2018-12-27)[2024-06-21].https://www.sohu.com/a/284952575_720647.

香港保险适合哪些人购买

以下几类人群可以考虑购买香港保险：

1.有计划退休并希望用外币储蓄的人。对于养老的需求，并不一定要有高的流动性，但是要有长期确定性。香港保险的长期收益的确相当可观，以储蓄寿险为例，虽然该品种保证收益率只有1％左右，但加上预期分红，长期收益率可达到6％～7％。[①]

2.子女有出国留学计划的人。子女的教育基金，则是一笔不一定要有高流动性，但一定要有长期确定性的资金。不管子女将来想要到加拿大、澳大利亚、英国还是美国读书，保险公司都可以把保单转换成本地的货币，非常方便。

3.已移居或准备移居的人。想要移民的朋友，将来较大可能会在国外安享晚年，不管是在哪里，有香港的存款保险，都可以轻松实现他们安享晚年的愿望。

而且，大部分发达国家都会征收遗产税，美国的遗产税率可以高达40％。购买香港的杠杆型人寿保险，不但可以为孩子们留下一大笔财产，而且还可以帮助他们减轻遗产税的压力。

4.海外有资产的人。对于那些需要风险较低、收益较高又安全的海外投资的人，香港保险是最好的选择。

5.内地有大量资金，有避险需求的人。香港多币种存款保险支持

---

① 康恺.谁卷起了香港钱潮？｜《财经》封面[EB/OL].（2024-02-26）[2024-04-28].https://baijiahao.baidu.com/s?id=1791951084541703770&wfr=spider&for=pc

6～9种不同币种的自由兑换，可以作为一种避险资产，满足投资者多元化的投资需求。

香港保险的购买实操

香港保险的购买可以参考以下的步骤。

第一步：明确保险需求。

明确自己的保险需求，是购买保障型还是理财型。香港保险的大部分产品附带分红属性，因此更多地被视为一种金融工具。值得注意的是，保险分红具有不确定性，与内地保险存在相似之处。

第二步：选择靠谱的公司。

如果是在内地买保险，关注产品本身更重要，保险公司的安全性可以不用太在意，因为有国家金融监管总局帮我们严格监管，并且有人预警。

但香港保险不在此监管范围内，所以在购买之前一定要多了解香港保险公司的情况，具体可以参考三大评级机构给出的香港保险公司信贷评级表，这三大机构分别是标准普尔、穆迪投资者服务及惠誉评级。

第三步：选择专业代理人。

选好靠谱的保险公司，接下来就是选择代理人或者经纪人。建议通过中介或者银行，以防到时候有问题找不到人问，保单成为"孤儿单"。我们需要找到靠谱的代理人和经纪人，方便之后的缴费、保单管理等。

第四步：亲自到香港投保。

香港保险一定要本人到香港签单（18岁以下未成年人除外）。所以一定要准备好港澳通行证、身份证、信用卡等，此外，最好在香港的银行有开户，以方便每年自动扣费。

以上就是到香港买保险的流程以及需要注意的事项。

保险金信托

作为一种创新型财富管理安排，保险金信托融合了保险"以小博大"的杠杆优势，以及信托"风险隔离，财富传承"的制度优势，正逐步受到市场关注。近年来，它的业务发展更是异军突起。

什么是保险金信托

保险金信托是一项结合保险与信托的金融服务产品。它以保险金给付为信托财产，由保险投保人和信托机构签订保险信托合同书，当被保险人身故发生理赔或满期保险金给付时，由保险公司将保险金交付信托机构，由受托人依信托合同的约定管理与运用。

简单来说，就是把保险公司赔付的保险金放入信托，由受托人，即信托公司，按照约定分配和管理这笔钱。

保险金信托有两大显著优势。

第一是受益人的扩展。在我国，保险的受益人与被保护人之间的合法关系只有姻亲、血亲、抚养和赡养、雇佣四种。而信托的受益人范围要比保险广，所以通过保险金信托，我们可以指定保险合同受益人范围外的人成为受益人，甚至没有出生的自然人也可以被指定为保险金信托的受益人。

第二是通过放大杠杆，降低设立家族信托的信托财产要求。现在对于家族信托的要求是委托资产规模不得低于 1000 万元，很多信托公司也按照监管要求把 1000 万元作为设立门槛。但是很多家庭不愿意马上把那么多钱放到信托里,这时保险金信托就可以起到放大杠杆的作用,如果你要设立一个 1000 万元的保险金信托,只要保额达到 1000 万元即可。

保险金信托适合哪些人

在一二线城市,大多数人都符合设立保险金信托的标准,并有相应的需求。尤其是那些持有大额保险资产(保单 / 保险金)的个人或家庭,非常有必要再给自己的保险资产加上一道防火墙。

从需求角度来看,以下几类人群更有必要考虑设立保险金信托。

第一,已持有或准备持有大额保单的人,或具有强烈的债务风险隔离需求的人。企业家、高净值人士的财富较多,如果未来面临的企业经营等风险较大,可以通过保险金信托提前做好隔离与保护。

第二,有财富传承计划,希望以灵活的方式对财富进行顺利传承的人。比如很多人想给后代留下财富,而保险产品作为财富传承工具,不仅确定性非常高、安全,而且还有税筹功能。

第三,提前规划,想设立自己的家族信托但财产不达标的人。可以通过保险金信托先把家族信托设立起来,日后随着财富的增长,可以不断将财产追加到家族信托之中。

第四,没有财务独立能力的未成年人或年迈老人。这一人群缺乏资金规划和运用能力,运用保险金信托能够提前规划和分配资产,确保老有可依、少有所养。

第五,职业黄金期短暂的特殊职业者。运动员、模特等职业的黄金期短暂,在经历收入巅峰之后,收入水平很可能会在退役、转行之后大幅度下降。在收入较高时设立家族信托，用一部分资金来购买保险等产品，信托中的财产可以达到保值增值的效果，而保险也可以在本人未来出现意外时，继续保障家人。

第六，非独生子女家庭。非独生子女家庭在继承和财产分配上总是更容易出现矛盾，通过设立保险金信托，可以不公开地对财产进行分配，以减少兄弟姐妹间因为金钱而产生的摩擦。

总而言之，我认为，已经持有一定保险资产或者准备配置一定额度的保险资产的个人和家庭，完全可以顺便设立一个保险金信托，它是家族信托领域门槛最低的产品，成本不高，却事半功倍。

保险金信托购买的实操建议

设立保险金信托首先需要有保险资产（保单／保险金），有两种方式：

第一，将已有保单设立为保险金信托，即将现有保单转入新设家族信托中（变更受益人为家族信托）。这个方式下现有保单受益人需要变更，如图4-1所示。

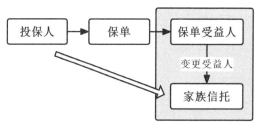

图4-1　将已有保单设立为保险金信托

第二，购买相应保险产品，同时设立保险金信托（可将投保人、受益人均选择家族信托，起到更好的保护与传承作用）。这个方式下现有保单投保人需要变更，如图 4-2 所示。

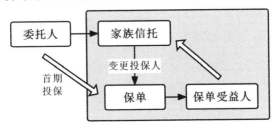

图4-2 以购买产品方式设立保险金信托

购买保险金信托的具体操作流程如下：

1. 了解自身需求和风险承受能力；

2. 选择正规且信誉良好的信托公司；

3. 确定信托财产金额、期限和用途；

4. 签订信托合同并支付费用；

5. 关注信托产品的风险收益情况和可能面临的风险；

6. 根据自身需求和风险承受能力选择合适的保险产品；

7. 在购买保险产品后，将其纳入信托财产；

8. 按照合同约定管理和运用信托财产。

在信托期满后，信托公司将按照合同约定分配信托收益和本金。

以上是购买保险金信托的实操要点，具体操作还需要根据个人情况和需求来决定。

附录　常见保险问题

1. 保险公司会倒闭吗?

保险公司可能会倒闭，但是不会那么容易倒闭。我国自恢复保险业以来，尚未出现过保险公司直接倒闭的情况。

我国还通过《中华人民共和国保险法》（以下简称《保险法》）对寿险公司进行了特别的限定，即寿险公司不能直接破产清算，就算经营不善也要由其他的寿险公司去接管，或者由保险保障基金进行救助。

2. 怎么看保单?

投保时可以选择电子保单或纸质保单，会发送或者寄送到投保人手中。需要时，我们可以找出保单查阅，如果保单不慎丢失，可以通过以下方式查询：

● 通过保险公司官方手机客户端查询；

● 拨打保险公司客服热线进行查验；

● 直接前往保险公司客户服务网点。

以第一种方法为例，比如查询中国人民人寿保险公司的保单，我们可以在手机应用市场下载安装"人保寿险管家"App，再进入"我的保单"栏目进行查验即可。

在查询到保单信息之后，我们首先要查看的就是被保人、投保人姓名、联系电话、保险名称、保障/缴费期限等关键信息是否有错误。如果有错误需要尽快和保险公司联系，要求保险公司进行修改。另外如果是异地投保，则还须将家庭住址等信息修改为现住址。其次是对保单上的条款进行确认。具体要注意的内容可见表4-13。

表4-13　保单上的重要信息

重要信息	确认事项
保险合同号	一串数字，是我们在保险公司的身份ID
合同成立日期	一串具体日期，一般是保险公司收到保费后的日期
合同生效日期	一串具体日期，一般是保险公司开始承担保险责任的时间
缴费日期	所缴保费及下一期保费扣收的日期；要在规定时间内缴纳保费，避免保单失效
投保人（交钱的人）	姓名、生日、年龄、证件号
被保险人（给谁投保）	姓名、生日、年龄、证件号
受益人（可以是两人以上或者更多，后期可变更）	姓名、与被保险人关系、收益比例
保险责任	了解不同品类产品责任的具体陈述
责任免除	了解保险公司不保的情况
现金价值	可以查看购买的产品在中途退保能够拿回多少钱
犹豫期	犹豫期一般是10～15天。犹豫期内可以全额退保，之后就只能拿到现金价值了
等待期	为避免有人故意买保险获取保额，保险公司会设置一个等待期，在等待期内发生保险事故，不予赔付
宽限期	长期缴费的保险，一般都有60天的宽限期，补齐费用后，一般保单是不受影响的。在宽限期内如果发生了风险，保险公司仍要承担保险责任
中止期	如果忘记缴费时间已经超过了60天，那么保单就进入了中止期，中止期为2年。这就是通常所说的保单失效时间段，中止期内，若被保险人出险，保险公司是不承担保险责任的。在这2年内，可以随时补缴保费和利息，申请保单复效后保险合同会继续有效。
特别约定	有些保险公司为了对产品进行修改，会在保单上增加特别约定。保险法规定，特别约定的效力要高于条款，所以，我们在看保单时也要特别注意一下
理赔部分	包括如何申请理赔，保险金给付情况，诉讼时效条款内容，等等

3. 怎样预防被拒赔？

在购买保险前，仔细阅读保险条款，了解保险的范围、免赔额等内容。

在购买保险前，仔细阅读保险"免责条款"，也就是发生哪些情况，保险公司可能不赔。

在购买保险时，提供真实有效的信息和证明文件，并如实做好健康告知。

在出险时尽快联系保险公司，并提供翔实完整、准确无误的事故报告和医疗证明文件。

注意各种期限，比如等待期保险公司不会出险，保费延期缴纳也会出现各种问题。

4. 理赔流程怎么走？

理赔是保险的一个重要环节，发生保险指定事件后如何进行理赔呢？图 4-3 是一个保险理赔的流程示意。

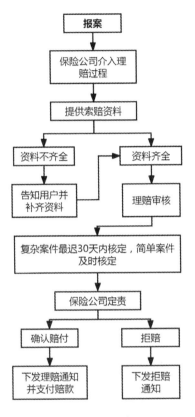

图4-3　保险理赔流程

从上述流程图中我们可以看到，投保人只需做好最重要的三步即可轻松理赔。

第一，出险后立即向保险公司报案，明确告知保险公司出险情况，然后咨询保险公司工作人员需要准备哪些理赔材料。这些步骤不仅有助于保险公司及时了解事件情况，还能确保我们在处理理赔的过程中不错过任何重要细节。

第二，提供理赔资料。这是非常重要的一步，如果资料准备不齐全或有误，将直接影响理赔的进度和结果。通常保险公司会有专人指导，按照保险公司的要求提交即可。表4-14为理赔常见资料，仅作参考。

表4-14 理赔资料

资料种类	内容
基础性理赔资料	1.保险合同 2.银行卡复印件 3.理赔申请书 4.被保人身份证正反面复印件 5.符合条款约定的专业鉴定报告 6.与确认保险事故的性质或原因等相关的证明和资料
未成年人出险需提供的基础性资料	1.银行卡复印件 2.监护人身份证正反面复印件 3.监护人与被保险人关系证明（出生证、户口本均可）
被保险人身故需提供的基础性资料	1.银行卡复印件 2.受益人身份证正反面复印件 3.受益人与被保险人的关系证明（结婚证、户口本、公证书均可）
重大疾病理赔资料	1.住院病历复印件 2.与该疾病确诊相关的病理报告 3.与该疾病相关的门诊病历复印件 4.疾病诊断证明书原件（盖有诊断专用章）
意外及疾病医疗理赔资料	1.完整住院病历盖章复印件 2.门诊病历本复印件、检查报告单 3.住院发票原件、费用清单 4.门诊发票原件、费用清单
疾病身故理赔资料	1.发票原件、费用清单原件 2.抢救的病历复印件、检查报告单 3.被保险人死亡"三证"（死亡证明、丧葬证明、户籍注销证明）
全残/伤残理赔资料	1.发票原件、费用清单原件 2.住院医疗期间病历复印件、检查报告单 3.伤残鉴定报告原件（按条款约定鉴定标准） 4.警方或其他相关部门出具的意外事故书面证明材料
意外身故理赔资料	1.发票原件、费用清单原件 2.抢救的病历复印件、检查报告单 3.被保险人的死亡"三证"（死亡证明、丧葬证明、户籍注销证明） 4.警方或其他相关部门出具的意外事故书面证明材料

第三，配合保险公司的调查工作。一般材料提交后，保险公司会有核赔人员审核案件，如果案件简单且金额较小，通常几天内便能处理完毕。但如果存在异议，保险公司会和被保险人或受益人进一步沟通，做更多调查，此时我们只需配合即可。

总的来说，理赔过程并非想象中那么复杂。保险的理赔只要符合保险合同条款的规定，做到投保时如实告知健康状况，该赔的都会赔，所以无须过度担忧。

05

加点"求稳"的钱
——长期稳定账户

长期稳定账户中的资产一般占总资产的 40％，主要用于应对未来重要但不紧急的开支，例如子女教育和养老。为了确保长期稳定的收益，个人和家庭应避免随意支取或使用这笔资产。否则，可能会因为控制不住自己的消费习惯或投资亏损等，让这笔钱遭受损失。因此，这个账户适合配置安全性较高的资产，如养老金、教育金等，或固定收益的产品，如债券和信托等。

教育金

在人的一生中，通常有一些特定的时期会需要用到一笔较大的资金，比如年轻时的大学教育、结婚和生子，以及年老时的退休养老。因此，在进行财务规划时，我们应该考虑尽早储备足够的资金。

养一个孩子需要多少钱

在养育孩子的费用中，教育支出一直是大头。

对于大多数家庭来说，差的并不是孩子义务教育的那点钱，真正的压力来自各种培训费、兴趣班，以及孩子接受高等教育，后期出国留学的各种费用，这些都需要大量真金白银的投入。

根据《中国生育成本报告（2022版）》的数据，中国家庭光把一个孩子养到18岁，大概就要花48.5万元。[①] 无论是穷养还是富养，孩子的教育支出都是一笔确定性的大开销。

提早存好教育金

教育支出是一笔刚性的大开销，到了年龄就要用，建议提前把这笔钱攒好。

通常来说，给孩子规划存钱要符合两点：第一是安全，第二是有一定收益。

那么常见的理财产品中，包括存款、债券、基金、股票、理财险，哪种更能满足上面的两个需求呢？我们逐一看看。

银行存款

银行存款的优点是安全性高。因为银行存款在我国是受《存款保险条例》保护的，50万元及以下保本保息。但在收益率方面，银行存款的利率却在逐渐走低，3.00％的利率时代一去不复返。以招行为例，截至2024年10月18日，5年期整存整取利率只有1.55％，而且随着利率下行，未来

---

① 梁建章，任泽平，黄文政，等.中国生育成本报告（2022版）[EB/OL].（2024-02-27）[2024-06-24].https://mp.weixin.qq.com/s/DDmOxx2NXEXJiwvO8j6inQ.

存款利率还可能更低。

因此，它是不太适合作为教育金这种长期规划的资金安排的，更适合用于 3～5 年的短期资金安排。

购买债券类产品

债券类产品一般包含国债、地方债和企业债等。而普通投资者通常更偏向于购买风险较低、收益较好的国债。然而，正如前文所提到的，利率下行会对债券市场产生影响，据中国银行网站，2023 年 5 月发行的国债，第三期储蓄国债（凭证式）期限三年，票面年利率为 2.95％；第四期储蓄国债（凭证式）期限五年，票面年利率为 3.07％。[①] 国债的收益率大不如前了。另外，国债发行数量有限，还不一定抢得到。以 2023 年为例，即使国债利率降至 3% 以下，也瞬间售罄。

至于企业债，虽然收益可能会比国债高一点，但也存在较高的亏损风险，也不太适合普通人用来存储教育金。

基金、股票

通过定期投资基金和股票来给孩子存钱，好处是投资收益上不封顶。有能力、心态好的人可以通过长期价值投资，与优质企业共同成长，从而获得不菲的收益。

但这种方式的不足也很明显。投资基金、股票，首先需要更多的知识储备、更多的精力和抗风险能力；其次是市场波动比较大，如果当资金需

---

① 中国银行. 2023年第三期和第四期储蓄国债（凭证式）销售公告[EB/OL].（2023-05-08）[2024-04-28]. https://wap.boc.cn/bif/bi2/202305/t20230508_23011856.html.

求迫在眉睫时遭受亏损或被套，提取资金就会有损失。

因此，这类产品也不太适合用来规划教育金这笔刚性支出。

理财型保险

这里的理财型保险主要指能够用于理财的人寿保险，其中有两个比较典型的产品：年金险和增额终身寿险。两者既是保险，也可以作为一种强制储蓄，都可以实现为教育储备大额资金的目的（见表5-1）。

表5-1　两种理财型保险产品的比较

属性	年金险	增额终身寿险
适合人群	根据不同用途，有不同的适合人群	适合在未来固定时间段有长期用钱需求，且希望获得一定理财收益的人群
收益状况	收益稳定，略高于银行定期存款	收益稳定，略高于银行定期存款
对应风险	低风险	低风险
产品特点	流动性低，类似于强制储蓄，专款专用	前几年流动性较低，现金价值回本后可灵活支取，流动性较好

首先来看年金险。

年金险是指投保人或被保险人一次或按期缴纳保险费，保险人以被保险人生存为条件，按年、半年、季或月返还保险金，直至被保险人死亡或保险合同期满的一种保险产品。

年金险的用途主要在三个方面：

第一，给自己养老。这类年金险通常叫作养老年金险。

第二，给孩子储备教育资金、婚嫁资金、创业基金，或者帮子女提前锁定一份婚前财产。这类年金险通常叫作教育年金险。

第三，用于家庭资产配置。这类年金险通常用于理财，帮助家庭资产保值增值。

作为一种存款方式,年金险的好处是收益写进合同里,确定性强。年金险的安全性也受《保险法》保护,对于家庭来说是很安全的存款。此外,虽然大部分年金险在3～5年内的收益方面并不如银行存款,但如果时间拉长到20年左右,内部收益率就能达到3%～4%,保费差不多能翻一倍,在安全稳健的资产里面,一份优质年金险的收益率并不算低。

然而,年金险也存在一些不足之处。首先,它的回本速度相对较慢。其次,许多用于少儿教育的年金险到期后必须取出资金,限制了后续的再投资可能性。尽管回本速度较慢,但这也有助于保证专款专用,防止家庭发生意外情况,父母动用退保权的情况。此外,一些年金险允许保至被保险人死亡才终止,这有利于灵活运用资金,比如在教育期从年金险中取出部分使用,年金险内剩余的钱还可以继续存着用于将来养老使用。

在制定孩子教育规划时,如果确定需要一笔资金,并且购买年金险不会给家庭日常生活造成过大负担,选择一款优质的教育年金险是一个明智的选择。

再来看增额终身寿险。

增额终身寿险是一种保额逐渐增加、保障至终身的人身保险,以人的身故为给付保险金的条件。

它可以选择趸缴、3年缴、5年缴、10年缴、15年缴和20年缴等方式进行购买。大多数产品在选择趸缴和3年缴时,在第4年或第5年回本;选择5年缴时,在第6年或第7年回本;选择10年缴时,在第9年或第10年回本。回本后,保单的收益将进入快速增长阶段,长期产品的内部收益率上限为3.5%。该保险具有较高的现金价值,可灵活减保或退保。

增额终身寿险的优点是复利效应高，时间越长，存进去的钱增长越快；同时作为一款保险产品，它在后期具备较高的现金价值，可自由减保取用。然而，它也有不足之处，如前期保额较低，需要长期持有才能获取相对较高的收益等。

相比教育年金险，增额终身寿险更灵活方便，同样适用于教育储蓄。

总体而言，这两种理财型保险都是实现教育金存储的良好方式，因为它们既能满足安全稳健的需求，又能够获得一定的收益。

如何配置教育金

教育年金险和增额终身寿险各有优劣，都适合用于给孩子配置教育金。具体选择哪一类取决于个人的需求。如果希望支取灵活且孩子的年龄超过 12 岁，则优先选择增额终身寿险；如果希望专款专用，避免教育金被挪用，且孩子年龄还小，则优先选择教育年金险。

教育金配置的四个原则

在教育金的准备和规划上，建议遵循以下四大原则。

原则 1：及早规划和储备

教育金是在特定的时间段上很大概率会用到的一笔钱。为了减少存钱压力，及早规划和储备是最好的选择。另外，早点存，留足复利时间，也能让保险的收益跑赢银行存款。

原则 2：目的优先

存教育金的目的明确，是保障孩子在大学或研究生这些特定阶段受到优质的教育，但若是偏离了目的就不能真正解决问题。一份好的教育年金或增额终身寿险，要能专款专用，解决教育的刚性需求。

原则 3：适度原则

要确认保险保额和保费适度，不会给家庭支出造成压力，以免中途退保，造成财产损失，也无法达成最初保障孩子教育需求的目的。

原则 4：收益和安全兼顾

在原始资金固定的情况下，选择的产品当然是收益越高越好。但由于教育金属于刚性需求，投资选择仍需谨慎，避免过大的风险，以确保本金的安全。

实操案例

如何选择一份可以为小朋友存的产品？下面我们通过一个案例来解释。

小林和妻子今年都是 35 岁，家里唯一的孩子 5 岁，为了让孩子在接受大学和研究生教育时有足够的教育资金，夫妻俩决定为孩子购买一份增额终身寿险，一方面是帮助家里强制储蓄，另一方面，到孩子 20 多岁时，夫妻二人也快退休了，家里工资收入将会减少，届时一笔教育金也能为大额教育支出提供支持。

首先，明确需求。

小林和妻子买增额终身寿险的目的是给孩子提供教育金，这笔钱在投保的第 13 年开始，每年要能取出 3 万元，4 年后孩子大学毕业，保单要能够继续高速增值，为孩子储备婚嫁资金。

因为是用于教育和婚嫁，那么就得剔除一些减保条件比较严苛的增额终身寿险，这样在用钱的灵活性方面也更高。比如 A 产品规定每年减保金额不能超过投保时基本保额的 20%，而 B 产品则是要求不超过累计已缴保费的 20%，那么前者的减保要求就比后者要宽松一些。

此外，增额终身寿险的现金价值要足够，并且在投保后的 20 年里增值得越快越好。

其次，选择产品。

在产品的选择上，主要看三个标准。

第一个标准是产品收益。

看增额终身寿险收益的高低，其实最主要的就是看它的保单现金价值的高低。为了更直观地查看和比较，我们一般会用到一个工具：内部收益率（internal rate of return，IRR）。

内部收益率其实就是资金流入现值总额与资金流出现值总额相等、净现值等于零时的折现率。也就是说，我们可以把每一期收入与支出都按一个折现率折现，然后让它们相加等于 0。也就是：

$$P_0 + P_1/(1+IRR) + P_2/(1+IRR)^2 + P_3/(1+IRR)^3 + \cdots + P_n/(1+IRR)^n = 0$$

其中：P_0，P_1，$\cdots$，P_n 分别等于第 1，2…，n 期的现金流。数字计算起来比较复杂。我们还可以借助工具，比如用 Excel 表格里面的 IRR 函数帮忙算。

然后根据当年的内部收益率，你可以看出某一年的收益率是多少，退保是赚还是亏；在比较多款教育金产品的收益时，可以根据这个数据来筛选。

第二个标准是减保规则。

不同增额终身寿险的减保规则有时并不一致，大体按照规则的宽松度，可分为三个类别，分别是：减保限制较少、减保正常、减保严格，具体特点如表5-2所示。

表5-2 增额寿险的减保规则

项目	减保限制较少	减保正常	减保严格
减保金额	限制较少，如，只有较低的最低额度及每次100元整数倍限制	每年减保金额不超过生效时基本保额的20%	每年减保金额不超过累计已缴保费的20%；一直减都减不完
减保频次	无减保次数限制，或相对灵活	有限制	有限制：保单生效满5年才能减保
申请减保方式	可在公众号操作减保或去线下柜台	可在公众号操作减保或去线下柜台	柜面或代办

需要注意的是，上表的目的是让读者在查看减保规则时思路更加清晰，并不意味着每个产品都能准确归类。

减保规则的限制并不能一概而论，它取决于个人需求。如果希望灵活一点，就选择限制较少的；如果希望强制性高一点，可以选择限制较多的。总之，购买增额终身寿险时要能够看清并理解减保规则，根据个人需求进行选择。

第三个选择标准是附加功能。

增额终身寿险的附加功能主要是锦上添花，需不需要纯看个人需求。我们通过表5-3稍作了解即可。

表5-3　增额终身寿险的附加功能

附加功能	描述	适合人群	增额的特点
保单贷款	允许投保人以保单为抵押，从保险公司借钱	需要充足现金流的人	增额终身寿险的贷款利率普遍在4.5%～6%之间
第二投保人	指定除本人外的另一名投保人，可以在本人无法继续履行投保义务时，由第二投保人继续保障保单的有效性	适合需要把钱留给自己孩子的人	第二投保人可以提前确立好保单归属，完成财富定向传承
婚前财产隔离	通过保险合同，对婚前财产进行保护，避免在婚后因离婚等遭受财产分割的风险	适合对婚前财产有保护需求的人	增额终身寿险本质是寿险，只要在婚前缴完保费，就是明确的个人财产。如果离婚，增额终身寿险账户里的钱是明确的婚前财产，不会被对方分走
隔代投保	允许祖父母或外祖父母为孙子或孙女购买保险，实现隔代投保的功能	适合有隔代传承需求的人	一般来说，保险只能给直系亲属买，有些增额终身寿险，会照顾到客户的需求，附加隔代投保功能，实现债务隔离，隔代传承

养老金

都说日本老人现在的老年生活，就是中国现在年轻一代的未来写照，因此我们必须未雨绸缪。

本节开始前，我先分享一个关于养老金的小故事。

日本NHK电台曾讲述过一位68岁的老人——青山先生的故事。他攒下了2000万日元①的养老金，每月还可领取8万日元的国民养老金。本以为可以安度晚年，结果退休后的青山先生却遭遇了老来返贫的尴尬处境。原来他还有一个89岁的老母亲需要赡养，由于母亲没有养老金，所有花销都需要由青山先生来负担。两个人每月的基础花销高达15万日元，剩

---

① 当时人民币兑日元汇率为21：1，据此计算，约合人民币120万元。

余的日常支出缺口只能靠消耗存款来解决。短短几年时间,青山先生的存款就消耗掉了 400 万日元。为了让存款花得更久一些,青山先生不得不把每日伙食费控制在 500 日元(约合人民币 30 元)内,一份菜经常要分成三顿来吃。

这个故事淋漓尽致地展示了老来返贫的绝望。老年生活和开销难以预料,但如果我们能尽可能地多储备一些养老金,就能让老年生活更加安心。

认识养老金

提到养老金,很多人第一时间想到的可能是五险一金,或者退休时每月能拿到的钱,但其实养老金并不仅限于此。一般养老金的属性如表 5-4 所示。

表5-4　养老金的属性

属性	具体描述
适合人群	适合有养老需求的人群
收益状况	收益稳定,略高于银行定期存款
对应风险	低风险
产品特点	流动性低,类似强制储蓄,专款专用,能够活到老、领到老

常见的养老金有三种类型:社保养老金、个人养老金、商业养老保险中的养老金。接下来,我将逐一说明。

社保养老金

社保养老金是未来退休金的基础,通常在退休后按月发放,多缴多得,长缴多得。

但社保养老金也有不足。因为要照顾的人多,所以只能解决最基本的生存需求。因为我国的社保制度采用的是现收现付制，就是用现在的年轻人缴的钱养现在的退休人员，所以进入老龄化社会后，老年人比重逐渐攀升，甚至多于年轻人，现在多地区已存在养老金不足的问题。

为了解决这一问题，国家鼓励居民积极准备多份养老金，并出台了个人养老金制度。

个人养老金

个人养老金制度是指政府政策支持、个人自愿参加、市场化运营、实现养老保险补充功能的制度。2022 年 11 月 4 日，人力资源社会保障部、财政部、国家税务总局、原银保监会、证监会联合发布《个人养老金实施办法》，对个人养老金参加流程、资金账户管理、机构与产品管理、信息披露、监督管理等方面做出了具体规定（见表5–5）。

表5–5　《个人养老金实施办法》主要内容

分项	内容
参加对象	在中国境内参加城镇职工基本养老保险/城乡居民基本养老保险的劳动者
账户模式	实行个人账户制，包括个人养老金账户和个人养老金资金账户，均可通过商业银行开立
缴费规定	缴费由个人承担，每人每年缴纳上限为12000元，可以按月、分次或者按年缴纳
投资方式	缴纳的个人养老金可以购买符合规定的储蓄存款、理财产品、商业养老保险、公募基金等金融产品，实行完全积累，并且可以按国家有关规定享受税收优惠政策
税收政策	国家制定税收优惠政策
领取方式	参加人达到领取基本养老金年龄、完全丧失劳动能力、出国（境）定居，或者具有其他符合国家规定的情形，可以按月、分次或者一次性领取个人养老金。个人养老金账户资产可继承
信息平台	人社部建设个人养老金的信息平台，对个人养老金账户及业务数据实施统一集中管理，并与符合规定的商业银行以及相关金融行业平台对接

这个政策简单说来，即每年最多存 1.2 万元到一个包含储蓄、基金、保险等多种理财产品的账户里，定存不取出，等到退休、移民或丧失劳

动能力了，收一笔3%的税，再把钱连本带利还给你。这种方式的好处是"存入额享受扣税额度优惠"，也可以避免你忍不住把这笔钱花掉。

那么，综合考虑扣税额度、锁定年限、政策不确定性等因素，适合买个人养老金的人群画像就比较清晰了：可预见的未来（比如5年）没有大额开销、现金流充裕、年薪在20万元以上（确切地说是20.4万元以上，因为要缴纳的个人所得税率在20%这一档）、离退休较近（四五十岁）的人。

所以当前的个人养老金制度，还处在一个"穷人买不起，富人看不上，但中产友好，抵扣的税相当于是买了折扣理财产品"的阶段。因为个人养老金可以税前列支，比如买了1.2万元的个人养老金产品，如果你的个人所得税率是30%，那相当于这1.2万元本来要交3600元的税，现在变成了一个养老金产品，个税少了3600元，这相当于你买的个人养老金产品多了3600元的收益，还是很合算的。为了解决养老金的问题，国家还在大力推动第三大支柱——能够用于养老的理财险的发展。

用于养老的理财型保险

养老年金险和增额终身寿险是比较常见的养老理财型保险。养老年金险允许投保人自主选择投入金额、投入年限、领取年龄和领取方式等，一般保至被保人离世才终止保险合同。增额终身寿险则是一种按预定复利增长的存钱罐，可灵活减保取用，且具有身故全残赔偿的功能。

相对于我们缴纳的社保，养老年金险的优势主要在以下四个方面。

第一，可以自主选择投入金额、投入年限、领取年龄和领取方式等。

第二，投保时就能知道多少岁时能领多少钱，写进合同，受《保险法》保护。

第三，可保单贷款，也可以减保、退保，资金具有一定灵活性。如领取前被保险人身故了，受益人至少可以领到已缴的保费，不亏本。

第四，领取的保险金不用缴税。

而增额终身寿险也能够自主选择投入金额、投入年限、领取年龄和领取方式等。不同的是增额终身寿险的领取一般通过减保来实现，较养老年金险更为灵活。我们可以把增额终身寿险看成一个能够按预定复利增长的存钱罐。一定年限的封闭期之后，我们可以按自己的需求灵活减保取用，并且会在身故全残时获得赔偿。因此，增额终身寿险也是一类比较常用来存储养老金的险种。

如何挑选理财型保险

养老年金险和增额终身寿险这两款理财型保险各有特征，普通人该如何选呢？下面我们对养老年金险和增额终身险这两种理财型保险进行比较。

养老年金险

市面上的养老年金险在名称中，大概率会带有"养老""年金"之类的字眼。这些养老年金险，通常具有以下四个特征：

第一，投保时需要选择领取年龄、领取方式。

第二，定期领取的养老年金只要不退保，就可以活到老、领到老。部分产品还会有祝寿金。

第三,一般会设置最短的保证领取年份,有保证领取 20 年的,有保证领取 30 年的。如果在保证领取期间不幸去世,这期间的应领未领部分可以一次性赔付给受益人。

所以我们在选购养老年金的时候,除了看老了能领取多少钱,还要关注领取方式、现金价值以及这款养老年金的内部收益率。而根据这三方面,养老年金险又可以分为四大类型:高领取型、平衡型、递增型和高现价型(见表5-6)。

表5-6　养老年金险的分类

类型	功能特点	评价
高领取型	领取后现金价值低,领取金额比较高,可能身故赔付金额低或退保金额少	对被保人养老更有利
平衡型	领取金额、身故责任、现金价值三个要素比较平衡	比较平衡
递增型	领取金额开始很低,但每年都会按一定比例递增	这类产品听起来是不错,但领取金额一般要到领取20年后才可以和高领取型追平,而且80岁前的收益一般比较低,一般不建议选
高现价型	在领取前现金价值比较高,可以当增额终身寿险用	不少人把它称为类增额寿险产品。这类产品领取金额不一定,但和增额终身寿险相比,也有优势,比如没有健康告知

假如你投保了养老年金保险,到一定年龄(一般是退休)后,每月或者每年可以从保险公司领取一笔养老钱,这就是保额,会写在合同里;现金价值代表保单退保时值多少钱;身故责任就是死亡时能拿到的钱,不同的年金险对身故责任的规定不一样,有的是返还保费,有的是给现金价值,有的会是 20 年养老年金之和。

从上面的分类中,我们可以发现,一款优秀的年金险往往只能在领取金额、现金价值和身故责任三项责任之中兼顾一项或者两项,几乎没有任何一款年金险是面面俱到的。

另外，除了领取养老年金、身故责任和退保给付现金价值外，很多公司还会提供一些额外的责任或权益，例如：

（1）提供设置第二投保人或隔代投保选项。

（2）加保，待未来有更多收入或资金时提高保障水平；减保，领取现金价值，增加保单流动性。

（3）保单贷款，提供保单流动性。

（4）对接养老社区，很多朋友购买养老年金就是冲着养老社区去的。一般达到一定门槛，会提供类似保证养老社区入住资格等权益。

（5）提供祝寿金。

（6）附加万能账户。

这么多附加责任和特色，再加上有那么多保险公司，不同保险本身的保额设计也不同，我们能够选择的养老年金险产品其实是非常丰富的。

增额终身寿险

能用于养老的理财险，还有一个选项是配置增额终身寿险。增额终身寿险在前文中已有具体介绍。通过表5-7，我们可以清晰地了解一份增额终身寿险是如何实现养老功能的。

表5-7　增额终身寿险的特点和养老功能

特点	如何实现养老
本质是寿险：人寿保险受到《保险法》的法律保护，就算保险公司破产，保单利益也能获得保障	用于养老足够安全可靠 有身故赔偿金

续表

特点	如何实现养老
养老资金的投入：分期缴纳保费，因为前期现金价值不高，如果退保或者减保的话，可能会面临亏损	能够半强制性地帮助存养老钱
养老资金的增长：目前好一点的增额终身寿险，内部收益率可达3%~3.5%，并且能够复利增长；时间拉长，无论是保单的现金价值还是保额都会增加	长期来看，增额终身寿险的利息是高于银行存款利息的，并且购买人活得越长，保单里面的钱增长更快
养老资金的领取：到领取时能够通过减保和退保来实现定期或一次性领取养老金	普通人可以把增额终身寿险理解为一个过了一定期限后，利率高于普通定期存款的养老存款账户。从里面取钱，利息会变少，但只要账户里还有钱，就能一直生息。钱足够多的话，利息也多，甚至能够覆盖养老所需的生活费

如果不希望钱被锁定在养老年金险里面，希望在遇上大额支出时，保单里面的钱也能够灵活取出来的话，我们也可以配置增额终身寿险。

总之，养老是我们必然要面对的一件事情。以上两种理财型保险，在不同的时期收益率可能各有优劣势。相对来说，增额终身寿险对于灵活性需求较高、养老资金较多的人群更为合适；而对于长寿者来说，养老年金险能活到老、领到老，是更好的养老选择。

选择养老金的几个原则

通过上文对养老年金和增额终身寿险的介绍，相信你已经对未来的养老计划有了更清晰的了解。在实际购买养老产品时，可以参考以下几个原则。

原则1：满足养老需求优先

养老事宜涉及复杂的需求。进入老年后，我们所追求的可能不仅仅是增加养老金。如果基本养老金已经相对充裕，更需考虑满足其他需求。因此，养老金数额不再是唯一的选择标准，而是需考虑其他养老服务，如旅游和入住高端养老机构，作为更为优质的选择标准。

原则2：及早规划和储备

养老是一项长期需求，所费不小，在短期内要积攒一笔相当可观的资金对许多人而言都有一定的压力。所以宜早不宜晚，早规划，积少成多的同时，保单的复利也能帮我们创造更多的财富。

原则3：适度原则

首先，和存教育金一样，保费的数额不要太多，需要考虑是否会给当前家庭生活带来压力。其次，需确保保额能满足养老需求。虽然准备养老金旨在让晚年生活更加美好，但也不要顾此失彼，以损伤当下生活的安全和舒适度为代价。

原则4：收益原则

挑选养老金要考虑到通胀水平，因此要在资金安全的前提下尽量选择收益性更高的产品。这也能让我们在退休后获得更多的养老金，让老后生活更有保障。

要选择一份既优质又适用的养老年金险或增额终身寿险，我们可以通过四个步骤来操作。

第一步，明确自己的需求。

通常，我们最看重的需求肯定是养老保险的收益性；其次是保证领取，避免"人死了，钱也没了"的情况；再次是关注一些相对不那么重要的需求，比如说是趸缴还是分期缴，需不需要祝寿金，以及养老院服务的需求。

我们可以通过四个问题来了解自己的需求。

问题 1：什么时候需要用养老钱，需要用多少钱？

问题 2：现在能投入多少钱，今后每年能投多少钱，可以接受多久不动这笔钱？

问题 3：能承受多大的风险，期望领多少钱、领多久？

问题 4：是否有其他附加需求？

一旦需求明确，我们就可以开始筛选年金险产品。市场上有数百款年金产品，对于大多数人而言，在挑选时主要看的还是收益，而收益主要看三个方面：领取金额、现金价值和身故责任。

三个方面都是越高越好，但这只是一个理想状况。实际上，大多数养老年金产品都不能兼具这三个责任，需要我们根据核心需求权衡取舍。

第二步，看领取金额。

领取金额首先要够用，加上国家社保养老基金，至少要能覆盖日常生活支出。其次，在缴费方式和领取方式相同的情况下，领取金额越高越好。

缴得少、领得多的产品当然好，道理很简单，大家都懂。

第三步，看现金价值。

领取金额对应的是未来可以领到多少钱，现金价值则决定了我们的保单在某个特定年份值多少钱。因此，第三步我们要看的就是现金价值。

一般而言，现金价值的增长速度越快，返本时间也越快，现金价值越高，我们手上保单里的资产也相应更多。这笔资产就像一笔定期存款一样，不过是放在保单里，你可以当作一笔定存的备用资金，可以根据收益情况随时退保取现，或者进行保单贷款。

不同的养老年金险，现金价值可能相差很大。很多人误以为保费缴得越多，现金价值就越多，实际上并非如此。在缴费方式和领取方式相同的情况下，产品的现金价值可能存在数十万元甚至上百万元的差异。

从现金流的角度来讲，一款年金险的现金价值越高，也就越灵活，这个责任也越优秀。如果您是比较看重现金价值的购买者，那一定不能忽视这方面。

第四步：看身故责任。

在购买养老年金险时，许多人都担心一个问题——如果还没来得及领取或者领取金额不够，已缴纳的保费会怎样处理。这就要看身故责任。

身故责任指的是被保人去世时可以获得的赔偿。不同的年金险对身故责任的规定不一样，有些是返还保费，有些是提供现金价值，还有些是支付相当于 20 年养老金之和的赔偿（见图 5-1）。

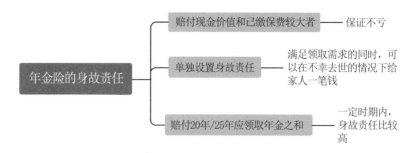

图5-1　年金的身故责任

另外，我们要注意的是，身故责任很可能是动态的。图 5-2 为某款年金险身故金变化曲线，可以看到随着年龄的变化，身故责任会持续发生比较大的变化。

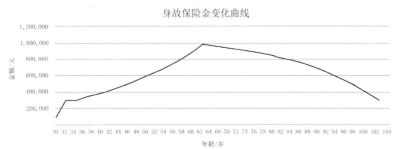

身故保险金变化曲线

图5-2 某款年金险身故金变化曲线

身故责任考虑的是身后事，以家庭为单位做财务规划的大多数家庭，都需要对身故责任进行考虑。

当然，一款产品是很难面面俱到的，这时候就需要我们自己做出选择，根据自己侧重的点，选出最心仪的几款产品。

通过上面四个步骤，我们基本上就能剔除市面上大多数不合适的养老年金产品。再看看是否有其他附加需求和侧重，就能挑选到自己最需要的产品了。

总的来说，常见的养老金主要包括社保养老金、个人养老金以及适用于养老的理财险。通过阅读本节，相信大家对这些概念有了一定的理解，也对如何规划舒适的养老生活有了更多思考。我们希望每个人都能及早认识到养老问题的紧迫性和重要性，在当下过上舒适的生活的同时，也能为老年生活提供有力的保障。

最后，需要提醒的是，不管在什么情况下，教育金、养老金等理财险的优先级一定是排在保障型之后的，也就是说，要先确保家庭成员的意外、医疗、身故、重疾等风险保障已配置齐全，再去考虑年金险。如果连最基本的健康保险都没有规划好，就投这种类型的产品，一旦家人不幸发生意外或患上重疾，既得不到保障，每年还得支付一大笔保费，效果适得其反。

债券类产品

债券类产品可能对很多人来说并不太熟悉，实际上它是一个规模庞大且优秀的投资工具。截至 2022 年底，我国债券市场规模达到了 141 万亿元。对投资者来说，债券是一个低风险、低收益但稳定性较强的理财工具（见表 5-8）。

表5-8　债券的属性

属性	具体描述
适合人群	稳健型投资者
收益状况	比股票低，比存款高
对应风险	风险评级优质的债券风险较低，风险评级较差的债券风险较高
产品特点	低风险，低收益，稳定性更强

认识债券

在我国的投资框架中，股票和债券是两个最基本的投资工具。

债券是指社会各类经济主体比如政府、企业、金融机构等为筹集资金而向债券投资者出具的、承诺按一定利率定期支付利息并到期偿还本金的债权债务凭证。我们可以把它理解为债券发行人给投资人的"借据"。债券的购买者称为债权人，债券的发行人称为债务人。

债券的特点鲜明，包括有偿还期限、流通性好等，这也是债券区别于其他投资方式的优势所在。偿还性就是借债还钱，有借有还。流通性即债券可以自由转让，不受限制。一般来说债券质量越好，安全性越高，流通性越强。收益性就是投资债券的人可以从中得到利息、价差，甚至得到前期得到的利息再投资产生的利息。预期年化收益性则主要表现在两个方面，一是投资债券可以给投资者定期或不定期地带来利息收入；二是投资者可以利用债券价格的变动，买卖债券赚取差额。安全性即债券到期后偿还本息的可能性，一般情况下只要债务人不破产，债券都能到期收回。

因此，通常人们认为债券的风险比股票低。尽管从历史数据来看，债券的波动性确实较小，回报率也相对更为稳定；但更准确地说，债券和股票的表现是不同的，低质量债券的风险可能比股票更高。所以投资时不要只持有单一类别的资产，优中选优、组合投资通常是一个好主意，可以平衡风险。

债券的分类

债券的种类繁多。如表5-9所示，一般来说，根据不同的分类标准，债券可分为不同的种类。

表5-9　债券的分类

分类依据	债券种类
按发行主体	国债、地方债、金融债、企业/公司债
按发行是否公开	公募债券、私募债券
按流通性质	可上市流通债、不可上市流通债
按是否可转换	可转换债券、不可转换债券
按财产担保	抵押债券、信用债券
按计息方式	单利债券、复利债券、累进利率债券
按利息支付方式	零息债券、附息债券、浮息债券

续表

分类依据	债券种类
按债券形态	实物债券（无记名债券）、凭证式债券、记账式债券
按偿还期限的长度	短期债券（0～1年）、中期债券（1～10年）、长期债券（10年以上）
按能否提前偿还	可赎回债券、不可赎回债券

其中，国债是由中央政府发行的债券，其目的是筹集资金，用于弥补财政收入，具有最高的信用，被广泛认为是最安全的投资工具。

地方债是由地方政府发行的债券，用于支持地方政府基础设施建设和公共事业的融资，比如交通、通信、住宅、教育、医院和污水处理系统等地方性公共设施的建设。

可转换债券是一种可以转换为股票的债券，兼具债券和股票的特征，持有人可以在特定的时期内按照一定的比例或价格将债券转换为股票。

债券的基本要素

尽管债券种类多种多样，但都具备一些基本要素。在投资前需要了解。

第一个要素是面值（本金）。

本金就是我们常说的本钱，即投资者借给债券发行人的总金额。

我国发行的债券，一般每张的面额为100元，你用1万元的本金就可以购买100张债券。当然，这是在平价发行的情况下，溢价发行和折价发行则另当别论。

第二个要素是价格。

债券价格包括债券的发行价格和转让价格。

（1）债券的发行价格。即它在第一次公开发售时的价格。它的卖价不一定是它的面值。但不管它是卖100元以上，还是100元以下，只要是市场上第一次发售的价格，我们就认为它是这种债券的发行价格。

根据发行价格和票面金额的关系，可以将债券发行分为平价发行、溢价发行或折价发行（见表5-10）。

表5-10　债券发行的三种类型

类型	含义	出现原因
平价发行	发行价格=面值	通常出现在市场利率较高的时期，发行机构需要提高债券利率与市场持平
溢价发行	发行价格>面值	当市场利率低于债券票面利率时，债券的相对收益更高，投资者需支付溢价才能购买该债券，所以发行机构可以以溢价发行债券
折价发行	发行价格<面值	通常出现在主体需要迅速募集资金的时候，但也伴随较高的发行成本和违约风险

（2）债券的转让价格。债券既然是一种可以在市场上流通的金融工具，就可以被投资者转手卖掉，而此时投资者转手卖掉的这个价格，可以看作该债券的转让价格。如果这个债券不停地转让，就会产生多个转让价格。

第三个要素是利息率和收益率。

利息率 = 利息 / 本金

债券的票面上会标明利息率，即票面利率。它让投资者知道自己应该获得多少利息。

利息的计算方式有单利计息或复利计息。

利息的支付形式有到期一次性支付、按年支付、半年支付一次和按季付息等，至于每种债券的支付形式是哪一种，也会在债券的票面上标明。

到期一次性支付的方式，其利息通常是按照单利计息的；而年内分期付息，通常是按照复利计息的。显然，复利计息能够为投资者带来更加丰厚的回报，因为投资者可以及时利用分期支付的利息进行二次投资或是存入银行，实现二次收益。

收益率 = 收益 / 本金

在投资债券时，投资者的收益除了来自利息外，还包括债券价差，即债券发行价格与面值之间的差额。在计算债券价差时，如果存在溢价发行，则需要扣除溢价部分，即债券价差等于发行价格减去面值。

投资者也可将前期所得利息进行再投资，而后又能得到新收益。因此，在投资收益不仅仅来自投资利息收入的情况下，利息率也可以不等于收益率。

举个例子。小王用手中的闲钱购买了 1 万元的三年期国债，票面利率是 3.8%，利息每半年发放一次，即小王可以在每年的 6 月 1 日和 12 月 1 日获得 190 元的利息收入。如果利息按照一年来支付，即在每年的 1 月 1 日发放，小王一次性可以领取到 380 元。不过，半年付息一次，小王又用 190 元购买了债券基金，半年的时间又获得一笔收入。这样一年全部收益到手后可能会远远大于 380 元。

第四个要素是偿还方式。

债券发行人把债券购买人的本金在债券偿还期还给他，这个过程叫偿还。

由于债券在流通中可以不断地转手，因此偿还时拿到本金和利息的不一定就是最初发售时的购买人，而是债券到期时的最终持有人。

前文中提到，债券的票面上标明了偿还的日期。这里的偿还日期并非简单的数字，而是基于日期的几种偿还方式，主要包括：到期前偿还、到期一次性偿还和延期偿还三种方式。

第五个要素是期限。

期限，指一个时间段，债券期限的起点是债券的发行日期，终点是债券上标明的偿还日期。

这个时间段的长短直接影响投资者何时收回本金。在利息率不变的情况下，期限越长，利息越多；期限越短，利息越少。这也影响了投资者应得到利息的多少。

除了以上五大基本要素，一些债券上还有担保、信用评级和附加条款等信息。

第六个要素是担保。

投资者在购买债券时，还需注意该债券是否提供担保；担保又是采用的何种形式，是第三方担保还是债券发行主体自己有质押。不同的担保形式将产生不同的效果，风险水平也会有所差异。通常来说，对于第三方提供的担保，投资者需要考虑第三方的实力和资信情况；而对于发行主体自行质押的情况，投资者则需评估质押物的价值匹配程度。

第七个要素是信用评级。

当投资者无法对要购买的债券做出风险判断时，可以参考债券的信用评级。通常情况下，如果发行主体的信用评级较低，就存在到期无法偿还本息的风险，投资风险较大。而如果发行主体的信用评级比较高，那风险性也会比较小，更值得投资者信赖。信用评级通常以字母和符号表示，其中，3A 以上的债券是最高的评级，其余还有 2A+、2A−、2A 等状况，风险逐渐递增。

第八个要素是附加条款。

投资者在购买债券时，需多注意附加条款。尤其是可转换债券，其中关于回售、赎回、转股等的附加条款一定要仔细阅读。

其中，所谓的回售条款，是指当达到一定的条件后，债务人可以按照某个约定的价格将债券出售给债券发行主体。赎回条款是给予发行主体的权利，是指当股票价格涨到某个价位，可转换债券价值上升时，发行主体可以按照规定的某个价格自主赎回全部债券。而转股条款中会说明投资者什么时候可以转股，转股的价格会是多少。

总之，这些要素是投资者在进行债券投资时必须掌握的。它能够帮助投资者更好地了解和认识不同类型的债券，从而在种类繁多的债券中找出适合自己投资的债券，并规避不必要的风险。

债券投资的要点

债券投资的优点和风险

债券投资具有多方面的优点。首先，债券具有高流动性，可以在市场上自由流通，且实施 T+0 交易，因此资金使用率较高，变现较快。其次，投资者通过购买债券，既可以获得稳定的利息收入，又可以利用债券价格的波动进行买卖，赚取差价。最后，由于债券发行时就约定了到期后偿还本息，因此收益稳定、安全性高。特别是国债和有担保的公司债，风险较低，是一种具有安全性较高的投资方式。

然而，债券投资也存在一定的风险。主要有四个风险：信用风险、流动性风险、利率风险、购买力风险。

总之，债券投资是投资者可以考虑的重要投资方式，投资者需要综合考虑投资领域、投资期限以及其他各种因素，以灵活调整投资策略，从而实现理想的投资收益。

债券投资要注意的三个关键词

债券投资对投资者的专业知识有一定的要求。其中，有三个关键词是我们必须注意的，它们分别是：久期^①、到期收益率和债券收益率曲线。

首先是久期。久期常被用于衡量债券或者债券组合的利率风险，对于投资者有效把握投资节奏有很大帮助。

通常而言，久期和债券的剩余年限及票面利率成正比，与债券的到期收益率成反比。对于一个普通的附息债券，如果债券的票面利率和其当前收益率相当，那么该债券的久期也就等于其剩余的年限。

债券的久期越大，利率变化对该债券价格的影响就会越大，因此风险也相应增加。

通常在降息的时候，久期大的债券涨幅较大；而在升息时，久期大的债券下跌的幅度也较大。因此，当投资者预期未来会升息的时候，可以选择久期较小的债券以降低风险。

其次是到期收益率。

通常情况下，到期收益率的计算公式为：

到期收益率 =[总收益 / 总投资金额]÷ 投资期数

举个例子。某人在 2020 年 8 月 25 日以 98.7 元购买了固定利率为

---

① 久期，也被称为持续期或麦考利久期（Macaulay duration），是1938年由F. R. Macaulay提出的金融概念，表示债券或债券组合的平均还款期限。它是以未来时间发生的现金流，按照收益率折现成现值，再用每笔现值乘以距离该笔现金流发生时间点的时间年限，然后进行求和，以这个总和除以债券价格后得到的数值。久期是衡量债券价格对利率变动敏感性的一个指标。

4.71％，到期价为 100 元，到期日为 2023 年 8 月 25 日的国债，持有时间为 3 年。那么，他的总投资金额是 98.7 元，到期价是 114.13 元，总收益是 15.43 元，那么到期收益率就是 5.21％。

如果掌握了国债的收益率计算方法，就能够随时计算出不同国债的到期或者持有期内的收益率。只有准确计算国债的收益率，方能在与当前的银行利率作比较后做出投资决策。

还有就是债券收益率曲线，它所反映的是某一时点上，不同期限债券的到期收益率水平。观察收益率曲线可以为投资者在选择债券投资时提供重要帮助。

债券的收益率曲线在直角坐标系中以债券剩余到期期限为横坐标、债券收益率为纵坐标而绘制。一条合理的债券收益率曲线能够反映出某一时点上（或某一天）不同期限债券的到期收益率水平。

收益率曲线通常分为四类：

第一种是正向收益率曲线，即在某一时点上，债券的投资期限越长，收益率越高。换言之就是社会经济正处于增长期阶段，它是收益率曲线最为常见的形态。

第二种是反向收益率曲线。它表明在某一时点上，债券的投资期限越长，收益率越低，这也就意味着社会经济进入衰退期。

第三种是水平收益率曲线。它表明收益率的高低与投资期限的长短无关，这也就意味着社会经济出现了极不正常情况。

第四种是波动收益率曲线。债券收益率随投资期限波浪变动，预示社会经济未来可能出现波动。

一般情况之下，债券收益率曲线都是有一定角度的正向曲线，也就是长期利率的位置要高于短期利率。这是因为短期债券的流动性要好于中长期债券，而作为流动性较差的一种补偿，期限较长的债券收益率也要普遍高于期限短的债券收益率。不过，当资金紧俏导致供需不平衡时，也很有可能出现短高长低的反向收益率曲线。

投资者还可以依据收益率曲线不同的预期变化趋势，采取相应的投资策略。

如果预期收益率曲线基本维持不变，且目前收益率曲线是向上倾斜的，就可以买入期限较长的债券；当预期收益率曲线变陡时，则可以买入短期债券，卖出长期债券；当预期收益率曲线变得较为平坦时，则可以买入长期债券，卖出短期债券。

如何投资债券

很多债券类投资其实都是专业机构和银行在操作，我们普通人基本上只需要关注国债、可转债和债券基金这三种投资产品就好。下文将分别讲述一下它们基本特性、优点和风险，以及买卖方法。

国债投资

国债是备受投资者喜爱的投资理财产品，因为有国家财政信誉作担保，所以是所有债券中最安全的投资。而且，相较于定期存款，国债往往能提供更高的利率。

国债分为三类：记账式国债、凭证式国债和电子式国债。

凭证式国债和电子式国债都类似于储蓄，一次性还本付息，所以在分类上，我们统称为储蓄型国债。

凭证式储蓄国债和电子式储蓄国债计息方式不同。凭证式储蓄国债是到期一次还本付息，到期需要拿着国债存单去柜台支取。而电子式储蓄国债是每年付息一次，到期后，本金和最后一年的利息会自动打入绑定的银行卡。

同时，两种国债的购买方式也不同。凭证式储蓄国债必须线下购买，电子式储蓄国债则可以直接在银行网站或者手机银行 App 上下单。

国债发行时总会遭到哄抢，这是因为它具有三个优点：安全性高；收益高于定期；流动性较好，急需现金时可以兑现。

但任何投资都是一把双刃剑，国债也有两面性。购买国债的弊端就是"不到期赎回会产生很大损失"，如果碰到加息周期就容易损失利息差。此外，如果提前赎回国债，其损失比定期存款提前取出的损失还要大。如果碰上通货膨胀率高于国债收益率，我们的投资本金就会缩水。

尽管如此，总体而言，国债的风险很小。如果主权国家信用高，那么基本上都会有足够的资金偿还债务，不用过分担心信用和破产危机等问题。

那如何选择和购买国债呢？

为了购买国债，首先我们需要了解国债的发行时间。国债并不是 365 天全天候供应的，而是定期发行，只能在发行期内购买，具体的发行时间会提前公布在财政部官网上。

我们可以在网上搜索"财政部网站"并登录，接着搜索"国债发行计划"，点进去就能看到国债发行的公告。各个银行一般也会提前三四天告知具体发行日期。

其次是购买方式。

购买凭证式国债，只需要在发行期内到财政部公布的银行储蓄网点、邮政储蓄部门的网点及财政部门的国债服务部填表购买即可。

购买电子式国债，需要一张储蓄卡并开通网上银行功能，然后在银行官网上登录个人网上银行，找到"国债"并点击进入。每个银行"国债"搜索渠道都不一样（可以在"投资理财"栏查找）。你也可以直接在银行官网搜索关键词"国债发布公告"，然后找到自己想买的那一期电子式国债，购买即可。第一次购买电子式国债，需要事先在银行开通"国债托管账户"，即可以在网上购买国债的账户。

购买记账式国债，可以到证券公司去开户购买，或者到试点银行柜台购买，试点银行主要包括中国工商银行、中国银行、中国农业银行等国有银行，此外还有招商银行等。购买记账式国债时需要开通证券账户和资金账户，建议去线下证券营业厅开户，这样开户佣金要便宜很多，同时还有工作人员指导该如何操作。证券营业厅在在线地图上搜索一个离家近的即可，投资者可以根据实际情况选择。

最后是查看国债利率，可以通过财政部官网或其他理财渠道查看。

财政部官网显示，2023年第一期、第二期储蓄国债（电子式）均为固定利率固定期限品种，最大发行总额为380亿元。其中，第一期期限为3年，票面年利率为3%，最大发行额为190亿元；第二期期限为5年，票面年利率为3.12%，最大发行额为190亿元。[①]

---

① 中华人民共和国财政部.国债业务公告2023年第48号[EB/OL].（2023-04-06）[2024-04-24].
http://gks.mof.gov.cn/ztztz/guozaiguanli/gzfxdzs/202304/t20230407_3877591.htm.

值得注意的是，储蓄国债（电子式）5 年期年利率在 2019 年、2020 年都相对稳定，分别为 4.27％和 3.97％，然而该产品利率在 2021 年开始便不断下调。5 年期年利率从 2021 年的 3.97％下调至 2023 年第三期的 2.95％，3 年期年利率从 2021 年的 3.8％下调至 2023 年第四期的 3.07％。不到 3 年时间，年利率下降近 100 个基点。[①]

可转债投资

可转债全称为"可转换公司债券"，顾名思义，这是一种可以转换成股票的债券。

可转债通常指在一定时间内可以按照既定的"转股价格"转换为指定股票的债券，因此它兼具债券和股票的特性，在金融市场上被视为进可攻、退可守的神兵利器。

在股票价格上涨时，投资者可以选择将可转债转换成股票，从中获得股价上涨的差额；而在股票下跌时，持有者无须担忧，可以继续持有可转债，既保本又可获得债券利息，实现攻守兼备，避免股价波动造成大额损失。

所以可转债有债权性和股权性两个属性。

债权性是指可转债在发行初期属于债券，投资者可以获得定期利息收入；股权性是指在转股期内，投资者可以选择将其转换为发行企业的股票。可转债的利率通常低于直债（普通的固定利息债券），以补偿其隐含的股票期权价值。市场上可转债价格会随着股票价格的变动而波动。

除此之外，可转债还内嵌了其他几个期权，包括投资人的回售权以及

---

① 招商银行.储蓄国债[EB/OL].[2024-04-28].https://m.cmbchina.com/savebond.html.

发行人强制赎回、下修转股价的权利。从理论上来说，可转债换股之后，如果上市公司股票价格持续表现良好，投资人将获得丰厚的收益。

可转债投资的优点如下：

第一，上不封顶，下有保底。在转换期内，当要转换的股票市价达到或超过换股价格时，购买可转债与投资股票的收益率是一致的。但在股票价格下跌时，由于可转债具有一般债券的保底性质，其风险又比股票要小很多。

第二，没有涨跌幅限制。由于可转债具有可转换性，当其对应股票价格上涨时，债券价格也会上涨，并且没有涨跌幅限制。

第三，T+0交易，当日买入卖出。可转债可以当天买当天卖，而且不限制交易次数，能在很大程度上降低交易风险——即使投资者买错，也能及时止损，将损失降至最低。

此外，债券价格和股价之间还存在套利可能性。在牛市对标股价上扬时，债券的收益会更稳健。

同时，可转债投资也存在风险。

首先是股价波动的风险。由于转股价是固定的，而正股价格不断波动，可转债的价值也会因此波动。一旦正股连续向下波动，就会带动可转债的价值下降，从而导致可转债的市场价格下跌。

其次是利息损失风险。可转债的利率一般低于同等级的普通债券，因此可能带来利息损失。

再次是发行者提前赎回的风险。许多可转债都规定了发行者可以在发行一段时间之后，以某一价格赎回债券。这会限定投资者的最高收益率。

最后是违约风险。若发行可转债的公司退市，可能无法清偿投资者的债务，最终导致违约。

我们购买可转债的主要目的是通过低价购入、高价卖出来实现盈利。下面总结了挑选和购买可转债时的策略。

可转债发行价格，即面值都是 100 元，随后买卖价格会随着市场波动。

买卖可转债赚钱的基本操作就是：①在低价买入可转债，然后高价卖出赚差价；②转换成股票卖出赚差价；③低价买入可转换债券，到期收回本金和利息；④上市公司可转债回售。

买可转债有两个非常重要的指标——可转债价格和转股溢价率。

可转债价格，就是可转债的买卖价格。

转股价，是可转债转换成一股股票时所需要支付的价格，就相当于购入股票的成本。这个价格用以确定每张可转债可以转换成对应的正股数量。例如，2023 年 6 月 9 日兴业转债转股价为 24.48 元 / 股，每张兴业转债可转成 100÷24.48=4.08 股。与转股价相对应的正股价，也就是通常所说的股价。

通过转股价格可以计算出相应的转股价值，转股价值指的是每张可转债转换成正股并卖出可以获得的金额，计算公式为：

转股价值 = 正股价格 ×100÷ 转股价格。

例如，兴业转债转股价值是 17.10×100÷24.48=69.85。其中，100 表示的是可转债发行时的统一面值。

转股溢价率简单理解就是转债价格比转股价值多出的部分。其计算公式为：

转股溢价率 =（转债价格 – 转股价格）÷ 转股价值

一般来说，转股溢价率越低，可转债价格走势越容易和正股趋同；反之，则偏离比较大，投资者可能普遍对后市看好。

如果想要提高投资胜率，切忌追高正在上涨的可转债，涨上去时有风险，跌下来时是机会，应提前挑选、持续关注具有上涨潜力的可转债。

最后是挑选三大类可转债的公式，买入之前可以对照看看（见表5–11）。

表5–11　可转债挑选公式

分类/指标	价格	溢价率	到期收益
债性转债	＜100元	＜50％	＞0
中性转债	＜110元	＜20％	＞0
股性转债	＜120元	＜10％	＞0

债券基金投资

债券基金是指基金资产80％以上投资于债券的基金，它通过集中众多投资者的资金对债券进行组合投资，寻求较为稳定的收益。

债券基金除了投资国债、金融债、企业债等固定收益类债券外，也可以有一小部分资金投资于股票市场，另外，投资于可转债和打新股也是债券基金获得收益的重要渠道。

根据投资范围的不同，债券基金可分为纯债、混合债。其中纯债按照久期的不同又可分为短期纯债（久期397天以内）和中长期纯债（久期397天以上）；混合债按照市场的不同层级可分为一级债和二级债。

债券基金的基本特性如表5–12所示。

表5-12　债券基金的基本特性

债券基金分类		投资范围	风险特征
纯债	短期纯债	100%债券	较低
	中长期纯债	100%债券	低
混合债	一级债	债券（80%）+一级市场新股	中低
	二级债	债券（80%）+一级市场新股+二级市场的股票	中
可转换债基金		可转换债券	中高

债券基金的收益比较稳定，但比不上股票基金，其收益主要来源于利息收益、价差收益和债券回购。通常来说，短债基金长期平均年化在3%～4%；长债基金长期平均年化在5%～6%；比较优秀的二级债基，长期平均年化可以到7%～8%。

相对于其他投资方式，债券基金的优点主要有四个方面。

一是能够分散持仓，降低风险。债券基金持有一揽子债券，即便某只债券违约，也只是净值的短期下跌。以闹得沸沸扬扬的华晨债券违约[①]为例。如果你持有华晨债，那么损失就是100%。相比之下，如果你持有了持有华晨债的基金，那么损失就仅为6%。

二是债券基金流动性好。相对于直接买债券，债券基金在急需资金时可以直接赎回。

三是持有费用低。持有成本是相对于股票基金来说的。债券基金的申购费、管理费和托管费平均分别为0.08%、0.7%、0.2%，均低于股票基金。至于赎回费，股票基金和债券基金一般都规定，7天内赎回需支付1.5%的费用，而持有1至2年后赎回则不收费。

[①]　2020年10月23日，华晨汽车集团控股有限公司2017年非公开发行公司债券（第二期）到期。但其并未向相关账户打款。由此，华晨集团首只债券违约，此后存量债券触发违约。到期的这个私募债是"17华汽05"，余额高达10亿元，主承销商有招商证券、国开证券和中天证券，其中招商证券分摊到了大头，总共有6.67亿元。

　　四是收益稳健，波动小。表5-13是2010年至2022年间，纯债基金整体、债市和股市的年度收益率数据。以年为单位衡量，纯债基金从不亏损，债市偶有小亏，股市则有3年大亏。

表5-13　纯债基金整体、债市和股市（沪深300）收益率对比

年份	万得短期 纯债型基金指数	万得中长期 纯债型基金指数	中证全债	沪深300
2010年	1.70%	3.50%	3.10%	-12.50%
2011年	1.70%	2.30%	5.90%	-25.00%
2012年	5.50%	5.00%	3.50%	7.60%
2013年	3.50%	0.90%	-1.10%	-7.60%
2014年	6.10%	12.60%	10.80%	51.70%
2015年	5.20%	10.10%	8.70%	5.60%
2016年	1.10%	1.60%	2.00%	-11.30%
2017年	3.20%	2.10%	-0.30%	21.80%
2018年	5.10%	5.90%	8.80%	-25.30%
2019年	3.50%	4.30%	5.00%	36.10%
2020年	2.40%	2.80%	3.00%	27.20%
2021年	3.30%	4.10%	5.60%	-5.20%
2022年	2.10%	2.20%	3.50%	-21.60%

来源：wind，统计区间为2010年1月1日至2022年12月31日。

　　对于一些追求稳健回报的投资者来说，债券基金是不二之选。

　　说完了债券基金投资的优点，再说说风险。只要是投资，就会有亏损的可能。债券基金的风险和收益介于货币基金和股票基金之间。两大因素构成债券基金的主要风险。

　　首先是利率风险。债券价格与市场利率呈反向关系：当资金供给收紧，市场利率上升时，债券价格下降，债券基金也随之下跌，甚至低于买入价格。

　　其次是信用风险，也就是违约风险。公司和企业，因为是盈亏自负，如果出现经营不好、重大亏损的状况，有可能会无法兑付债券。

　　最后是收益风险。债券基金具有回报率低、波动小的特点。因此，债

券基金一直是小步慢跑的姿态，短期内难以获得相对满意的收益。

那么，如何找到优秀的债券基金？

一看基金公司。

建议选择规模较大、管理规范的头部基金公司。这样的公司资金雄厚，一方面能开出有激励性的工资、奖金，吸引到优秀人才；另一方面能保证投研方面开支，选出优质的标的，不仅能提高投资收益，还可以有效避免踩雷。

管理规范的公司一般能有效地培养人、留住人，既可以保障基金经理队伍稳定，又可以通过有效管理降低老鼠仓发生的风险。

通过中国证券投资基金业协会官网，可以查询到基金公司最新的管理规模。一般建议选择管理规模在前 10 名，或前 20 名的基金公司来托付资金。此外，还可以查看国家社保基金的委托机构，因为这些机构通常是经过国家机构严格筛选的，管理比较规范，也可以作为一个参考因素。

二看基金经理。

基金经理对于基金盈亏来说非常重要。在筛选时有以下几个建议。

（1）选择从业时间长的，至少大于 5 年，最好是经历多轮牛熊市，经验丰富的，他们的投资模式较为成熟、稳定。

（2）选择专业做债券基金的基金经理。术业有专攻，基金经理的时间精力有限，所以当您要投资债券基金，建议选偏债型的基金经理。

（3）选择历史业绩稳定，连续 3～5 年收益排名在前 30％的，债券投资以稳定为主，如果能连续 3～5 年排名在前，说明其业务能力相对比较可靠。

三看基金业绩。

建议选近 3 ～ 5 年比较稳定的、收益超过同类平均的基金。可以设定如下筛选要求：

（1）成立年限大于 5 年，至少大于 3 年。

（2）规模大于 10 亿元的。

（3）最近 3 年年化收益率高于 5％，或连续 3 ～ 5 年超过同类平均收益的。

（4）最近 3 年最大回撤不超过 20％，或回撤小于同类基金平均回撤的。

进一步细选基金时，还可关注以下几点：波动率小的比较好；夏普比率数值为正时，在同类基金中越大越好；历史上有没有踩过雷，产品的费率尽量选低一点的比较好。

四做基金组合。

通过多只不同种类的基金组合来平衡风险。比如买一只基金，踩雷亏 5％，但如果买 5 只基金做个组合，即使其中一只踩雷亏损 5％，整体亏损还是可能降低到了 1％。

五看机构投资占比。

机构投资占比适中的，建议在 20％～ 60％。这一比例不是越高越好，占比较少说明机构对该基金认同度低，占比过大有流动性风险，万一发生大额赎回，对基金规模和投资收益影响较大。

债券基金在家庭资产多元化配置中扮演着重要的角色。投资者通常倾向于将债券基金与多种不同的资产相组合，以创造最佳的风险和回报平衡。

一般而言，过于集中投资某一种资产可能使投资者面临该资产的特定风险和波动性。尤其对于高波动性资产，如股票和外汇，其价格波动较大，有可能导致显著的亏损。通过将资金分散投资于不同类型的资产，比如国债逆回购、债券基金等，投资者可以有效降低整体投资组合的风险水平。这样的多元化策略有助于提高资产组合的韧性，使其更能适应市场的波动，从而创造更加稳健的投资组合。

债券投资实操案例

下面我们来看购买国债和债券基金的实操案例。

国债购买实操案例

小王 2023 年有 10 万元闲钱，他想做点安稳有保障的理财，看了一圈后决定投资国债。

首先，他上财政部官网查看了一下当年国债的发行时间。根据《国债业务公告 2023 年第 81 号》，第三期和第四期国债发行期分别为 2023 年 6 月 10 日至 6 月 19 日。[①]

小王选择了最近的一个发行期后，设定好提前 15 分钟的闹钟。因为按年付息更利于他分配资金和投资理财，所以小王选择了在手机银行 APP 上购买电子式国债。

小王是首次购买电子式国债，他还需要在手机银行上先办理个人国债

---

① 中华人民共和国财政部. 国债业务公告2023年第81号[EB/OL]. (2023-06-07) [2024-04-24]. http://gks.mof.gov.cn/ztztz/guozaiguanli/gzfxdzs/202306/t20230608_3889417.htm.

账户开户。

然后确定投资期限和投资项目。因为这笔钱是闲钱，可能三五年都用不着，所以小王决定将 10 万元分成两份：一份 6 万元，投资三年期国债；一份 4 万元，投资 5 年期国债。

因此，在 6 月 10 日国债发行日这天，小王通过银行 App 点开了"储蓄国债"栏目，选择了"电子式国债"-"3 年期"，确认了票面利率为 2.95％后，他认购了 6 万元，然后点开了"5 年期"，确认票面利率为 3.07％后，认购了 4 万元。

债券基金购买实操案例

小王打算将原本用于购买国债的 10 万元中的一半，即 5 万元，用来购买债券基金。

第一步：先做风险评估，划定投资范围。在投资前，我们应该明确目标，是追求低风险、较稳定的收益，还是追求相对较高的回报。其次是根据自身的风险承受能力，选择相应的债基种类。

这几类债券基金的风险由小到大：纯债基金＜一级债基＜二级债基＜可转债。小王是稳健型的投资者，他可以购买纯债基金和一级债基。

第二步：选择投资期限。小王拿来投资的钱是闲钱，三五年内用不着，所以小王可以选一些利率更高的中长期债基。同时，为了应对紧急情况，他避开了锁定持有的债基。

第三步：筛选合适的债基。按照上面的基金筛选标准，小王选出了两只中长期纯债。

第四步：设计投资组合。为了实现收益性、流动性和安全性三者间的均衡，小王决定把这些债基设定为一个在相对安全的前提下能实现最大收益的投资组合。初步计算后，他决定把 5 万元分成四份，两份 1.5 万元，两份 1 万元，分别放入两个纯债和两个混合债，并根据投资表现不定期对份额进行调整。

第五步：购买债券基金和调仓。债券基金的购买比较简单，支付宝、同花顺、天天基金，以及各大银行理财 App 都可以购买。

调仓也简单，基本能当日或者 T+1 买入和卖出，但支付宝等第三方平台债基调仓可能需 T+1 才确认份额，这一点在买入前要注意确认。

黄金、白银等贵金属投资

关注外汇交易的，一定会接触到黄金、白银。作为传统的世界货币，黄金、白银也能在国际市场上流通和买卖。其收益和风险与外汇密切相关，这是由于世界黄金市场以美元为标价，因此，外汇市场上美元汇率的波动，对黄金价格有很大影响。而白银价格受黄金价格的影响，也会发生同频波动。

表 5-14 是黄金、白银作为投资品的基本特性。

表5-14　黄金、白银的基本特性

属性	具体描述
适合人群	有一定投资经验和风险承受能力的人
收益状况	收益波动大，可能有较高收益，可能有较大亏损
对应风险	较高风险
产品特点	流动性一般，实物的黄金、白银具有高抵押价值，涨跌受全球市场和政策影响大

认识黄金、白银

黄金和白银这两种贵金属，在人类历史上都有过举足轻重的影响力。

黄金因其稀有性、稳定性和美学性一直以来备受珍视。东西方古国都曾采用黄金铸造货币，如古埃及的金"德本"、吕底亚克罗伊斯金币以及中国的"金元宝"等。白银则由于其稳定的化学性质和银白色光泽而备受人们推崇。中世纪，欧洲各国已经广泛采用白银铸造银币，如英格兰的"先令"、西班牙的"银圆"等。

纵观整个货币发展的历史，这两种贵金属见证了很长一段时间里人类货币体系的演变。从古希腊罗马时期至 16 世纪，许多国家采用黄金作为货币标准，黄金的重要地位逐渐确立。大航海时代，随着美洲白银的大量流入欧洲，白银成为主要货币金属，这一时期被称为"银本位"时代。19世纪，世界主要国家开始采用白银与黄金并用政策，成为"双本位"标准的重要依据。

然而，20 世纪早期，世界多国纷纷放弃金本位和银本位，转向非本位货币体制。二战后，布雷顿森林体系确立了美元和黄金挂钩，世界各国货币与美元挂钩的金汇兑本位制。1971 年，美国放弃对黄金的兑换，布雷顿森林体系瓦解，这标志着黄金与各国货币的直接挂钩被彻底打破，全球金本位时代结束。1976 年，世界进入牙买加体系，推行黄金非货币化，黄金不再作为货币平价定值的标准，但仍然保持其金融属性。

总的来说，金银在早期人类货币体系的发展中具有重要地位。虽然随着纸币的发展以及世界逐步走入信用货币、债务货币时代，金银的货币属性消减，但是金银作为贵金属仍然具有投资和保值等价值。

黄金具有货币属性、金融属性和商品属性，三种属性共同决定了金价走势。

首先是货币属性，由于黄金的稀缺性，它曾长时间被广泛用作货币。在黄金的货币属性下，一方面黄金与计价货币美元存在替代性，金价与美元指数负相关；另一方面作为实物货币的黄金相较于信用货币，避险效果更佳，金价与风险指数正相关。

其次是金融属性，在黄金的金融属性下，其价格受两大因素影响：一是由于黄金"零票息"，实际利率是持有黄金的机会成本，金价与实际利率水平负相关；二是黄金投资具有保值性，金价与通胀水平正相关。

最后是商品属性。作为商品的黄金，可以被用于日常消费和工业生产，或者用于储藏和交易。在黄金的商品属性下，一方面受黄金供给影响，金价与供给量负相关；另一方面受黄金需求影响，金价与需求水平正相关。

白银同时具有金融属性和工业商品属性。相对于黄金，白银的金融属性稍弱，工业商品属性更强。

首先是金融属性，白银的价格，大部分时间主要跟着黄金走。

其次是工业商品属性，作为商品的白银，可以被用于珠宝首饰等日常消费和工业生产，白银在工业需求方面比黄金更强，常用来制作灵敏度极高的物理仪器元件，各种自动化装置以及通信系统中的大量接触点都是用银制作的。从行业上来说，白银主要用于电子、医疗及光伏产业等。

黄金、白银投资渠道及其特点

对于普通投资者来说，黄金投资的常见类型分别是实物黄金、纸黄金、黄金基金以及黄金期货。

实物黄金即投资金条、金币、金豆、黄金饰品等黄金实物。

需要注意的是，"投资金条"并非指市场上常见的纪念金条、贺岁金条、黄金首饰等，这些属于"饰品金条"范畴。

纸黄金即个人凭证式黄金，投资者需要先在银行开设一个"黄金存折账户"，然后按照银行报价在账面上"虚拟"买卖黄金，靠低吸高抛赚取买卖价差获利。

黄金 ETF（及联接基金）是一种绝大部分基金财产以黄金为基础资产进行投资、紧密跟踪黄金价格，并在证券交易所上市的开放式基金。黄金 ETF（及联接基金）主要通过对目标 ETF 基金份额的投资，紧密跟踪中国黄金现货价格的表现。

黄金期货（黄金 T+D）是上海黄金交易所交易上市的、以延期保证金方式交易的黄金合约。目前上海黄金交易所限制个人投资者参与交易，已暂停个人开仓和开户，恢复情况待定。

白银的投资渠道主要包括实物白银、纸白银、白银期货、Ag（T+D）投资等。

实物白银，即投资银锭、银条等白银实物。

纸白银是个人凭证式白银，投资者按银行报价在账面上买卖"虚拟"白银，个人通过把握国际白银走势低吸高抛，赚取白银价格的波动差价。

投资者的买卖交易记录只在个人预先开立的"白银账户"上体现，不发生实物白银的提取和交割。

白银期货是在上海期货交易所上市，以未来某一时点的白银价格为标的物的期货合约。白银期货合约是一种标准化的期货合约，由相应期货交易所制定，上面明确规定有详细的白银规格、白银的质量、交割日期等。

Ag（T+D），即白银递延，是上海黄金交易所白银交易以现货品种配合递延品种的方式推出的两个品种，分别为现货品种 Ag99.9 和递延品种 Ag（T+D）。白银递延交易采用保证金形式，每手合约对应的实物为 1 千克，实行价格优先、时间优先的撮合成交。交易可以买卖双向，也可进行实物交割。

黄金、白银投资的优点和风险

作为投资品，黄金、白银投资有以下四大优势：

第一，作为避险资产，能够对抗通胀，保值性强。

第二，金银市场属于全球性的投资市场，很难出现庄家。

第三，实物的黄金、白银具有高抵押价值。

第四，作为贵金属，存量有限，上升空间大。

黄金、白银的投资优势显著，然而我们也不能忽视其潜在的投资风险。黄金和白银投资的主要风险可归纳为以下四个方面：

第一，实物黄金、白银缺乏流动性，不能用来进行日常的购买，必须转换为货币才能使用。

第二，投资回报率低。黄金行情变化的周期比较长，一轮黄金上涨周期可能要等 8 ～ 10 年。

第三，市场风险大。贵金属中的黄金和白银市场都是全球性的交易市场，价格受到经济形势、政治风险、美元指数、原油、股市等多方面因素的影响，瞬息万变，小白难以全面掌控市场行情，容易判断失误。

第四，存在政策风险。我国的贵金属投资行业受到国家监管，香港地区的贵金属交易平台也受香港法律管制，当相关法律法规发生改变时，贵金属价格也会随之变化，因此投资者需要时刻关注这方面的变动。

黄金、白银投资的注意事项

在黄金、白银的实际投资操作中，还需要注意以下事项。

第一，行情趋势不明朗时不要盲目进场。在不了解趋势的情况下进场可能会逆市而行，建议选择顺势交易。

第二，不过度频繁地交易。在全天 24 小时连续交易市场中，过度频繁的交易可能导致判断能力丧失，因此建议避免过度频繁的买卖操作。

第三，遵循趋势。在上升趋势时不进行做空操作，在下跌趋势时不进行做多操作。上升趋势通常意味着市场需求旺盛，下跌趋势则意味着市场供应过剩，相应的操作需谨慎。

第四，不要重仓交易。在黄金、白银交易中，不宜将大部分资金投入，以免市场波动与预期不符时带来较大损失。

第五，要做好止损和止盈。制定明确的止损和止盈计划，并提前设置挂单。不轻易更改原有交易计划，以减少市场干扰，更好地控制风险。

总之，黄金、白银投资中，投资者应该根据市场趋势和价格波动情况制定相应的投资策略，并在实践中保持理性和耐心，避免盲目跟风或冲动操作。

黄金、白银投资实操

我们不太建议普通用户在没有足够认知和投资经验的前提下入场买黄金，特别是去金店买黄金。因为普通的实物黄金变现困难，而且中间买卖差价巨大，饰品类黄金加工费可能早就超过黄金的涨幅了。如果真的对黄金、白银等贵金属感兴趣，可以考虑购买黄金 ETF 基金。

只要开通证券账户就可以进行黄金 ETF 基金交易。投资者可以通过购买黄金 ETF 股票来间接投资于实物黄金，从而获得与黄金价格相关的收益。

对于如何购买黄金 ETF，以下是一些建议：

首先，需明确个人投资目标和风险偏好。黄金 ETF 适合寻求长期稳定增值的投资者，不太适合风险承受能力较低的投资者。

其次，要关注 ETF 的份额类型和费用结构。不同的份额类型直接影响投资回报和持有成本，因此需要仔细比较。同时，也要留意 ETF 的费用结构，包括管理费、托管费和销售服务费等，这些费用会对投资收益产生直接影响。

再次，选择信誉良好的基金公司并评估基金表现。在选择黄金 ETF 时，应优先考虑那些声誉良好、经营稳健的基金公司。这些公司通常提供高质量服务和可靠的资产组合。

在选择黄金 ETF 之前，投资者应查看该基金的历史表现以及基金经理的投资风格和策略，这有助于做出更明智的投资决策。

最后，需要关注市场风险和个人资产配置。黄金 ETF 是投资组合的一部分，因此需要考虑整体投资组合的风险和市场表现。同时，要基于个人资产配置情况进行选择,避免过度依赖某一资产类别。

总的来说,选择适合的黄金 ETF 需要全面考虑多个因素。我们不能仅仅因为看好黄金就盲目购买,而是要在充分了解相关信息的基础上做出明智的投资决策。

信托高不可攀吗

从 2018 年 4 月"资管新规"实施以来,国内财富管理市场已由追求高收益的产品导向,转向以风险控制为核心的规划模式,打破刚性兑付的做法成为行业趋势。信托的刚性兑付光环不再,但仍然是高净值人士一个非常重要的理财选项。表 5-15 是信托作为投资品的基本特性。

表5-15 信托的基本特性

属性	具体描述
适合人群	高净值人群和有遗产传承等需求的中产
收益状况	收益稳定
对应风险	风险较低
产品特点	流动性低,可以按个人需求定制信托产品

信托:概念、功能和作用

尽管信托最初起源于家族信托,但在中国,它最早是以商业信托的形式出现的。

2001 年,《中华人民共和国信托法》(以下简称《信托法》)正式颁布,自那时起,信托公司与银行、保险公司及证券公司一同被认为是我国四大金融机构。信托业经历了从初期的迅速而无序的发展，到后期的规范管理的过程。

根据《信托法》的规定，信托是指委托人基于对受托人的信任，将其财产权委托给受托人，由受托人按照委托人的意愿以自己的名义，为受益人的利益或者特定目的，进行管理或者处分的行为。这就是说，信托涉及三方关系：委托人、受托人和受益人。

在三国的历史故事中，我们可以找到信托的最早雏形。关羽死后，刘备亲自率军讨伐东吴。然而，战事并不顺利，他被迫退到了白帝城，一病不起。公元 223 年，生命垂危的刘备召来了丞相诸葛亮和尚书令李严，将后事托付给他们。

《三国志·诸葛亮传》中有记载，刘备对诸葛亮说："君才十倍曹丕，必能安国，终定大事。若嗣子可辅，辅之；如其不才，君可自取。"诸葛亮虔诚答道："臣敢竭股肱之力，效忠贞之节，继之以死！"这便是历史上脍炙人口的"白帝城托孤"事件。

在"白帝城托孤"的故事中，刘备作为委托人，信任受托人诸葛亮，将他的财产"蜀国江山"委托给诸葛亮。诸葛亮承诺按照刘备的意愿管理这些"财产"，从而保护受益人"刘禅"的利益。在此过程中，尚书令李严起到了监察人的作用，监督诸葛亮的行为，防止其背离委托人的意愿。

"白帝城托孤"可被视为一种信托行为。它的各个主体都非常明确：委托人是刘备，受托人是诸葛亮，受益人是刘禅，信托财产是蜀国江山，而尚书令李严起到的是信托监察人的作用。而刘备的信托目的也非常明确：保护受益人刘禅的利益，以及蜀国的稳定和繁荣。

信托的重要功能主要体现在四个方面。

第一是资产保护。信托可以有效地保护资产，防止由债权人的追索、家庭矛盾、商业风险等因素导致的财产流失。

第二是财富传承。通过设立信托，可以实现财富有序、高效的传承。可以在设立信托时就明确规定资产的分配方式和条件，避免产生家庭纠纷。

第三是投资管理。信托公司拥有专业的投资管理团队和丰富的投资经验，可以为投资人提供专业的投资建议和服务，帮助投资人实现财富增值。

第四是税务筹划。通过合理设立信托，可以实现税务优化，降低税务负担。

信托的类型

信托业务涵盖多个类型。根据信托的性质和目的，信托大致可以分为财产管理信托、公益信托、家族信托等。其中，财产管理信托主要着眼于资产管理和运用，以实现资产的保值增值；公益信托则专注于服务公益事业，如慈善、教育、科研等；家族信托则以财富传承和资产保护为主要目标。

根据"资产新规"和2023年原银保监会《关于规范信托公司信托业务分类的通知》（以下简称《通知》），从2023年6月1日起，信托公司应当以信托目的、信托成立方式、信托财产管理内容为分类维度，将信托业务分为资产服务信托、资产管理信托、公益慈善信托三大类[1]（见图5-3）。

---

[1] 中国银保监会.中国银保监会关于规范信托公司信托业务分类的通知（银保监规〔2023〕1号）[EB/OL]．（2023-03-20）[2024-04-24]．https://www.gov.cn/zhengce/zhengceku/2023-03/25/content_5748255.htm

第一类是资产管理信托。即集合资金信托计划，包括固定收益类、权益类、商品及金融衍生品类、混合类四种。这是传统的资金信托业务，以资金募集和保值增值为目的。

第二类是资产服务信托。包括行政管理服务信托、资产证券化服务信托、财富管理服务信托和风险处置服务信托四种。这类信托以为客户提供专业服务为目的，不涉及主动资金募集，是信托转型的重点发展方向。

第三类是公益慈善信托。包括公益信托和慈善信托，以公益目的为导向，可能涉及资金募集。

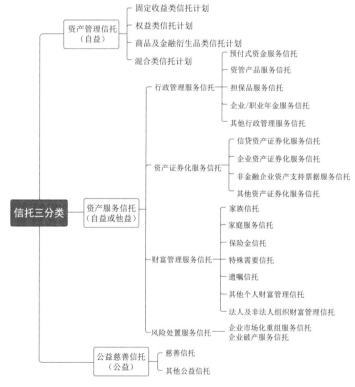

图5-3 信托的分类

信托业务新分类的发布，旨在规范信托行业，其具体目的：一是回归信托本源；二是明确分类维度；三是引导差异发展；四是保持标准统一；五是严格合规管理。希望信托在有效防控风险的基础上实现高质量发展。

信托多种多样，但对普通人而言，最常见的信托产品，一般是家族信托。

举一个大家可能比较熟悉的例子。

香港著名主持人沈殿霞，因患肝癌，病重难治，在去世前一年立下遗嘱，将所有资产（价值约 6000 万元港币）转入家族信托基金之中，指定当时 20 岁的女儿郑欣宜作为唯一受益人。

该信托基金的详细情况并未公开披露，但据报道，郑欣宜在 35 岁之前每月可以从信托基金中获得 2 万元港币的生活费，在结婚时可以一次性领取部分资金；其余资产则委托于受托人名下，直到郑欣宜年满 35 周岁。

为什么会有这么奇怪的遗产继承方式？这其实是一位母亲的良苦用心。

沈殿霞离世前最放心不下的就是自己与前夫郑少秋的女儿。她担心女儿涉世未深，容易被骗，也担心以后女儿的生活没有保障，于是通过订立家族信托，把名下的银行存款、房产、投资资产和首饰转以信托基金方式运作。按照她生前的规划，信托定期给女儿生活费，到一定时间再把所有剩余遗产交给女儿。

通过这种方式进行财富传承，避免了女儿花钱大手大脚，一下子把钱败光；也避免了别有用心的人觊觎这笔庞大的财产，从而有效保障了女儿未来的生活。

不得不说，这样的一份信托，不仅体现了家族财富的传承，更是一位母亲殷切的爱的承载。这个案例也展现了信托的独特魅力。

信托实操：如何选择优质的信托产品

信托的本质是"受人之托，代人理财"，它被广泛地应用于个人或家庭财富的管理和传承。

投资者在选择信托产品时，无论是从信托公司还是信托产品本身来看，都需要进行详细且谨慎的研究和分析。以下是如何选择优质信托产品的实际操作步骤。

第一步，筛选信托公司。

选择优质的信托公司是选择信托产品的第一步。评估信托公司资质要看两个关键因素。

一是股东背景，即了解信托公司的股东背景，包括业务稳健性、风险偏好、投资项目选择以及赔付意愿等。强大的股东背景可以在项目出现问题时提供更强的解决方案能力。

二是经营指标，即通过市场化的指标综合评估信托公司的经营状况，包括盈利能力（如净利润、资本利润率等）、投资业务能力（如信托业务规模、信托净利润等）以及抗风险能力（如总资产、净资产、风险覆盖率等）。这些指标可以通过信托公司的年报、国家金融监督管理总局和信托业协会官网的信息公示等渠道获取。

第二步，研究信托产品。

在选定信托公司后，需要仔细研究信托产品本身。评估信托产品质量有两个关键因素。

一是增信措施。完善的增信措施是信托产品的重要保障。投资者需要了解信托产品的担保机构是否具有足够的实力覆盖信托投资项目的风险，以及担保机构的资产规模和信誉度等。

二是底层资产。底层资产是信托产品的核心。投资者应重点考察融资项目（即底层资产）的保值能力和增值能力。常见的底层资产类型包括债权信托、股权信托、标品信托和同业信托等。投资者在选择时，要以保障资金的安全性为第一原则，对于看不懂或没有把握的资产类型最好不投。

第三步，考虑市场趋势。

投资者在选择信托产品时，需要考虑当前的市场趋势和政策环境。例如在打破刚性兑付的大趋势下，市场可能进入一个大浪淘沙的过程，部分信托公司会倒下，但优质的信托公司依然会为投资人提供风险匹配、收益相当的信托产品。投资者需要更加精心地挑选信托产品，以确保自己的投资安全。

第四步，理性投资。

最后，投资者需要保持清醒的头脑，理性投资，避免盲目投资。在选择信托产品时，投资者需要综合考虑以上提到的所有因素，以便做出明智的投资决策。

总的来说，选择优质的信托产品和优秀信托公司是进行投资的重要步骤，投资者需要根据自己的投资目标和风险承受能力做出决策。通过以上的四步法，投资者可以更有效地筛选出适合自己的信托产品，实现财富的保值增值。

家族信托：构建财富传承的桥梁

认识家族信托

家族信托是一种信托机构受个人或家族的委托，代为管理、处置家庭财产的财产管理方式，旨在实现富人的财富规划及传承目标。通过家族信托，委托人可以指定受益人，也可以在遗嘱中指定信托受益人，以确保家族财产的有序传承。

家族信托的主要功能包括四个方面：

一是财富传承，委托人可以通过家族信托将其财产委托给信托公司管理，并指定受益人，从而确保家族财产的传承。

二是财产保护，通过家族信托，委托人可以将财产从其个人财产中分离出来，从而有效地保护家族财产不受外界风险和纠纷的影响。

三是税收优惠，在部分国家和地区，通过家族信托可以享受税收优惠，为财富规划提供更为灵活的选择。

四是资产管理，信托公司作为受托人，将根据委托人的意愿和需求，对信托资产进行管理和分配，以确保信托资产的稳定增值。

家族信托在财富传承中主要有如下应用：

第一，防止继承人挥霍财产。

孟子说"君子之泽，五世而斩"，这句话的意思是再厉害的人，他创造的福泽最多也只能延续五代人。通过家族信托，委托人将财产托付给了信托公司，信托公司再根据托付要求，管理财产并履行条款中对受益人应尽的职责，这种安排确保了家族财产的有序传承，有效防范了继承人挥霍财产。

第二，避免遗产纠纷。

通过家族信托，委托人可以将财产从委托人的个人财产中分离出来，以避免遗产纠纷。如果委托人死亡，信托公司作为受托人将根据信托协议进行财产分配，从而避免继承人之间的争执。

第三，实现税收优惠。

在部分国家和地区，通过家族信托可以享受税收优惠。委托人可以在信托协议中规定信托收益的分配条件，以符合税收优惠的规定。比如加拿大一些省份的遗产税和继承税都可以通过家族信托进行规避。

第四，实现资产管理。

信托公司作为受托人，将根据委托人的意愿和需求，对信托资产进行专业管理和分配，以确保信托资产的稳定增值。委托人可以在信托协议中规定投资策略和风险控制措施，从而实现资产的有效管理。

总之，家族信托在财富传承中有多种应用，可以帮助委托人实现财富规划及传承目标，确保家族财产的持续发展和传承。在未来，家族信托也有望在中国市场上占据重要地位，为中产和高净值家庭提供更为灵活、安全的财富管理工具。

如何构建和管理家族信托

家族信托并非一种理财产品，而是一项理财服务。为了享受到这项服务，客户需要将资金或资产交给银行或信托公司，由它们帮助设立家族信托。

在国内，家族信托的设立门槛通常是 1000 万元，也有少数产品的门槛为 100 万元。家族信托的设立流程大致如下：

首先，明确个人的需求以及可用于家族信托的资金量。

接下来，选择一家合适的银行或信托公司作为受托管理机构。

然后，制订并确定家族信托的设立方案。这包括确定家族信托现金的数额、投资产品的风险等级、保单的数量和类型、受益人的数量及受益方式等。

最后，我们需要提交证明资金来源合法的相关材料。如果保单中含有寿险，还需提交体检报告。当所有必要文件都准备齐全后，我们方可与受托机构签署家族信托合同。签署过程应被录制下来以备将来参考，当发生任何风险或争议时可以使用此资料来保护自己的权益。

总之，以上就是设立家族信托的一个常规流程，遵循合规的流程可以有效保护我们的合法权益。

投好"生钱"的钱
——投资账户

投资账户的目标是追求相对较高的收益，而高收益也意味着高风险。原则上，这种风险不能对个人和家庭经济状况造成负面影响。尽管按照标准普尔的比例，这部分资产的设定比例为 30％，但由于每个家庭的状况千差万别，因此必须根据实际情况合理设置资产比例。接下来我们将逐一介绍这个账户里的主要工具，包括股票、基金、房产及其他一些投资产品。

股票

股市有风险，入市需谨慎。

中国的股民群体非常庞大。2022 年，我国 A 股的开户人数已正式突破 2 亿大关。^① 从大盘指数来看，虽说过去 30 多年 A 股的指数平均复合年化收益率高达 10％，远超国债收益率，但具体到个人层面，则可能基本上是"一赚二平七亏"，绝大部分人在 A 股里是亏的。

---

① 新华网.证券市场投资者突破2亿 市场规模持续扩容[EB/OL].（2022-02-28）[2024-04-28].
https://baijiahao.baidu.com/s?id=1725966882595328133&wfr=spider&for=pc.

有这样一句玩笑话——其实咱们大 A 根本不是投机市场，也不是投资市场，而是最大的知识付费平台。这虽是句玩笑话，却反映出了现实问题：A 股风险高，而且周期性强，并不是花了时间和精力就一定有收益。可以说，炒股要赚钱，努力、实力和运气，缺一不可。

我们不太建议新手去炒股，本节的目的在于帮助大家建立对股票特性及其风险的基本认知。

认识股票

从理论上来说，股票是股份公司所有权的一部分，也是发行的所有权凭证，是股份公司为筹集资金而发行给各个股东作为持股凭证，并借以取得股息和红利的一种有价证券。股票的一些基本特性如表6-1所示。

表6-1　股票的基本特性

属性	具体描述
适合人群	有一定投资经验和风险承受能力的人
收益状况	股市收益波动大，可能有较高收益，可能有较大亏损
对应风险	较高风险
产品特点	流动性高，竞争激烈，涨跌较快，只有少数人能赚钱

对于普通人来说，股票的意义就在于企业的分红、股息，以及转让、买卖手中的股票时赚取的差价。当然，股票也是资本市场的长期信用工具，持有股票的股东能够参加股东大会、参与企业的经营决策等。

但股票属于高风险投资，投资者能享受企业分红和股价升值带来的收益，也要承担因企业经营和市场行情变化带来的股价贬值风险。

中国有多个股票交易市场，比如深圳证券交易所和上海证券交易所等。交易所之下，还分不同的板块，比如主板、中小板和科创板。这些都是我国股票交易的场所。

主板也称一板市场，是证券发行、上市及交易的主要场所。沪深两个交易所中上市的多为大型优秀企业。

中小板是深交所主板中单独划分出来的一个板块，主要针对发展成熟、盈利稳定、规模较主板小的企业。

创业板是深交所的专属板块，主要针对高科技、高成长性的中小企业，是对主板市场的重要补充，属于二板市场。

科创板是上交所在主板外单独设立的一个板块，主要针对符合国家战略、突破关键核心技术、市场认可度高的科技创新企业。

新三板即全国中小企业股份转让系统，主要为创新型、创业型、成长型，且无法在上述板块中上市的中小微企业提供融资服务，是独立于沪深股市之外的证券交易场所。

除了上面提到的沪深两大交易市场外，也有其他股市。如北京证券交易所。北交所成立于 2021 年 9 月 3 日，是中国第一家公司制证券交易所，规模相对较小，交易门槛高，具有地域属性，主要交易中小企业股票和创新企业股票。它的主要功能是为企业提供融资服务，包括股票发行与上市、债券发行与上市、资产证券化等业务。北交所为中小企业提供了更多的融资渠道和机会。因为准入门槛高，一般北交所被提及的次数比较少。个人投资者参与北交所交易要符合两个条件：其一，申请权限开通前 20 个交易日证券账户和资金账户内的资产日均不低于人民币 50 万元（不包括该投资者通过融资融券融入的资金和证券）；其二，参与证券交易 24 个月以上。

股票的特点

接下来我们将从风险、收益、流动性等方面介绍股票的特点。下面谈论的内容除非特别标注，均指 A 股主板的股票。

股票的特性

股票具有两大特性。

首先，股票具有高风险性和高流动性。股价上下波动大，受多种因素影响，股市的相关信息对于股民来说也比较难以掌握，这增加了股票收益的不稳定性和股票交易的投机性，导致股民容易做出追涨杀跌、盲目跟风等投机行为，最终造成亏损。因此，在股市中，只有少数人能真正获利，这才是股市的真面貌。

其次，股市竞争极其激烈。股市门槛低，吸引了众多股民像飞蛾扑火一样投身炒股；股市变化快，涨涨跌跌的行情让人难以捉摸透彻，正因如此，这里的竞争异常激烈和残酷，可以说是一个没有硝烟的"战场"。

具体到 A 股投资方面，有如下特点。

第一，受政策影响较大。A 股市场历史较短，相关法律法规和政策尚未完善，因此新政策的出台往往会对股市的涨跌产生影响。

第二，实行"T+1"交易制度。目前全球各主要经济体中，只有 A 股实行"T+1"交易制度，其他主要经济体都是"T+0"交易制度。"T+1"交易制度，就是今天买入的股票最快到第二个交易日才能卖出。而在"T+0"交易制度下，当天买的股票当天就能卖出。

第三，散户相对较多。截至 2022 年 11 月底，A 股开户数达到 2.11 亿，其中散户规模为 2.1 亿户，占投资者数量 99.76%^①；而散户资金大概占市场资金总额的 60%，这是一个动态的数字，每天都会根据行情而变化。散户众多，而散户的操作特点又是频繁买卖、追涨杀跌，如此短线化的炒股方式，也使得股价不断涨落。

股票适合什么人投资

股票投资看似人人都能做，实则门槛较高。大部分人可能并不适合进行股票投资。那么哪些人适合呢?

拥有正确投资理念的投资者。不是想着赚快钱和赚大钱，而是明白股市赚钱也是细水长流的人，也就是说，在炒股过程中既要有技术派的操作方法，又要有长期投资和价值投资理念。

执行力强、遵守操作纪律的投资者。股市的看盘方法、很多分析方法，以及操作技术都是可以学会的，然而，有些人炒股亏损，可能不仅是因为人性的贪婪，还因为炒股技术不足和缺乏强大的执行能力，没有在该卖的时候卖出。

善于学习的投资者。股市操作有很多的方法，只有善于学习才能从不断累积的实战经验中学会适应市场的不断变化，才能在穿越牛熊中获取收益。

总之，要想在大批的股市投资者中成为成功者，就必须具备正确的投资理念、强大的执行力，以及爱学习等特征，并且让这三个方面互相关联，共同作用。

---

① 财新.A股投资者数量达2.11亿 散户占比超99%[EB/OL]. (2023-01-03) [2024-10-17]. https://finance.caixin.com/m/2023-01-03/101984882.html.

目前，市面上有三大非正式的炒股流派：基于股价的技术派、基于价值的价值派、听消息的题材派。

技术派，或者说趋势投资，就是根据股票的交易信息来指导买卖股票的投资类型，这些交易信息包括但不限于股票价格、成交量、时间和空间等。它一般会借助各种数据和图表试图分析投资者的心理变化，它的核心原理是通过分析历史走势来预测未来趋势。

价值派，也叫成长投资，价值派注重企业价值变化并以此作为投资的依据，这要求决策前对公司和行业进行深入研究，要找出有护城河的好企业、好行业，并在价格低于价值时买入，长期持有，等待价格回归价值时卖出，从而获得利润。

题材派，主要以追热点、炒题材、讲故事为特点。打板派是其主要代表，以追涨停板为主要交易风格，有时被戏称为"敢死队"。这种方法没有明确的章法，追求的是快速而准确的操作，但缺点在于容易追涨杀跌，成为股市中的"韭菜"。

总之，以上三种方法各有优劣，建议以价值投资为主，再结合其他方法。但不管选择何种投资方式，都需要长时间耐心学习和实践。

炒股要避开哪些坑

投资大师查理·芒格说过一句话："如果知道我会死在哪里，那我将永远不去那个地方。"[①] 这句话点明了投资的本质：没有什么是做了一定能赚钱的，

---

① 彼得·考夫曼.穷查理宝典：查理·芒格智慧箴言录（全新增订本）[M].李继宏，译，北京：中信出版集团，2021：86.

但是有些事做了肯定会亏钱。我们在股票投资中，需要避免以下事项：

1. 任何时间都是满仓；

2. 不看大盘炒股；

3. 不总结炒股失败原因；

4. 迷信大神，喜欢内幕消息；

5. 频繁交易。

总之，参与股票投资首先要有一定的知识储备，其次是要学会避免亏损，然后在实践中不断形成自己的投资风格和模式。当然，普通人最好还是避开股票，选择其他更安全、保本的投资方法。

基金

基金理财是一种委托专业基金经理管理财富的理财方式，具有相对简单的操作流程，对初学者来说也比较容易掌握。但是基金种类很多，有些风险也是比较大的，需要认真了解，并仔细挑选。基金的基本属性如表6-2所示。

表6-2　基金的基本特性

属性	具体描述
适合人群	广大散户投资者，尤其是那些缺乏专业知识和经验的投资者
收益状况	比股票低，比存款高
对应风险	风险适中
产品特点	流动性高，产品种类丰富，涨跌较快，但比股票安全和稳定

认识基金

基金是一种极其重要的投资工具，它具备单一股票和债券所无法提供的优点——投资门槛低、流动性强、交易简单便捷，也相对安全。因此，通常我不建议直接投资股票，反而推荐购买基金。

投资有两种方式。一种是自己投资，直接去寻找股票、债券，但你很快就会发现这种方式既耗时又耗力，而且效果未必理想。另一种方式是将资金交给专业的个人或机构，让他们为你进行投资。但这个人或机构不可能只为你一个人服务，那样效率太低，也无法扩大规模。因此，他们会设计出标准化的产品，也就是我们所说的基金份额，你可以根据自己的实际情况购买。所以，当很多人购买这只基金后，基金管理者就可以筹集到大量的资金，然后进行专业化的管理，投资者也能参与分红收益。

所以，基金可以获得专业化投资管理，也降低了投资门槛，是大多数人都适合参与的投资。不过，在真正进行基金投资之前，我希望你能了解一些基本概念，并了解一些投资方法和实操方法。

基金由基金管理人管理，由基金托管人托管，以资产组合的方式进行投资活动。简单来讲，基金就是把众多不懂金融投资，却想跑赢CPI，赚取更多利润的投资者的资金汇集起来，交给专业的基金管理人打理，为投资者赚取更高的投资收益的一种产品。

基金的分类

根据募集的方式，基金可以分为公募基金和私募基金（见图6-1）。

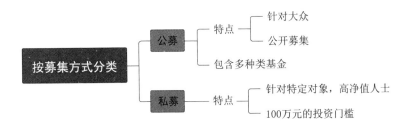

图6-1 基金的分类（按募集方式）

公募基金，是由合格的基金管理机构面向非特定投资者公开发行的，主要投资于一、二级市场的股票、债券等公开交易的证券。公募基金的一个特点是认购和申购的起点很低。公募基金的分类如见图 6-2 所示。

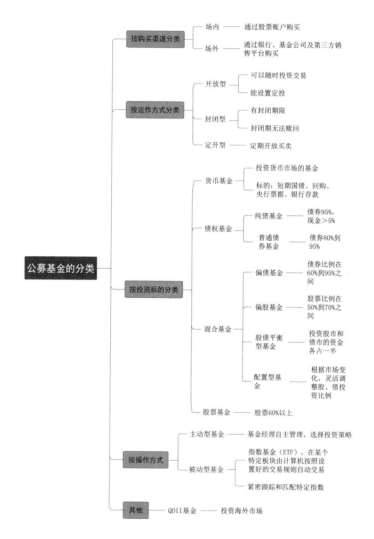

图6-2　公募基金的分类

　　私募基金，是通过非公开的方式向投资者募集资金而设立的基金。基金的投资对象包括股票、股权、债券、期货、期权、基金份额以及投资合同约定的其他投资标的。从投资对象来看，私募基金可以分为四类：证券基金、创业投资基金、私募股权基金和其他类别的私募基金，如图 6-3 所示。

根据投资市场的不同，私募基金分为一级市场私募基金和二级市场私募基金。私募基金的一级市场是指非上市公司的股权投资。私募基金的二级市场是指上市公司的股票交易投资。

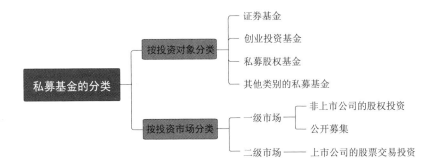

图6-3　私募基金的分类

基金的风险

作为一个投资工具，基金带来收益的同时也伴随着风险。我总结了基金购买的四大风险。

第一大风险是跟随榜单，高点买入。

很多人购买基金时常受热点或推荐的影响，或者根据排行榜进行选择。然而，这样的做法存在一个问题，即可能在高位购入，随后面临较大的亏损。值得注意的是，每个基金的收益率下方通常标明"历史业绩不代表未来表现"。基金排行榜并非未来的风向标，而更像是对过去表现的一种总结。

如果跟随榜单购买一只估值过高的基金，那么在未来基金价值下跌后，需要很长时间才能够回到购入时的价格，即所谓的"高位站岗"。因此，购买基金时需要特别谨慎，不仅要关注历史表现，还需考虑当前市场环境和基金的估值情况。

第二大风险是过多短线操作，频繁买卖。

很多人误把热门板块基金当股票来炒。由于存在投机心理，在市场频繁波动时，试图通过短线交易赚取收益，因此经常进行买卖操作。然而，这种做法往往忽视了频繁交易所带来的高昂成本。

首先是基金的涨跌趋势难以预料，频繁买卖容易失手，从而造成亏损。其次是基金还有手续费，主要有认购费／申购费、赎回费和销售服务费，在频繁买卖的这个过程中，不断增加的费率会增加基金买卖的成本。因此，在考虑短线操作时，必须认真权衡潜在的收益和交易成本，以避免不必要的损失。

第三大风险是追涨杀跌。

追涨杀跌，其实就是认为价格上涨或者下跌仍然能够延续一段时间，所以买入或卖出的行为。但是，到底会持续多久，以及幅度多大是很难预测的。

追涨杀跌其实是出于人趋利避害的天性，那我们要如何避免这个坑呢？

普通投资者要抵御住这一诱惑，一是要淡化短期波动，坚定长期持有。二是要抓住下跌机遇。等到行情来临时，"买跌的人"的投资收益要远高于后来的那些"买涨的人"。当然购买前提是下跌基金有涨回来的前景。

很多基金经理都说过，投资这个事情就是违背人性的。在基金表现不好的时候你持有它，内心会非常煎熬。

第四大风险是罔顾风险，盲目投资。

高收益往往伴随着高风险。任何出于侥幸心理的盲目投资行为都是不可取的。

很多人追涨杀跌的一个重要原因就是忽视了风险，购买了与承受能力不适配的产品，又因内心压力而不安，从而做出错误的买卖决定。

因此，在买入基金时，应该遵循风险匹配原则，选择风险等级等于或低于其风险承受能力评级的理财产品。简单举个例子。如果你的风险承受等级为 A4- 进取型，那么你可以投资 R1 ～ R4 级理财产品，R5 级产品就属于超风险投资了。

一般而言，产品预期风险由高到低排序如下：股票型基金＞混合型基金＞债券型基金＞货币市场基金。选择合适的风险范围，才能稳得住，长期来看，更有可能获得收益。

另外，投资要用闲钱。用闲钱投资，才能更加从容地应对市场涨跌，不至于在面对各种意外情况时被迫低价卖出，也能确保资金获得收益后再离场。

基金的各项费用

基金的费用其实是隐形的利润杀手，包含的项目众多，如申购费和赎回费、管理费、托管费和销售服务费等。

因此，我们在表 6-3 中总结了基金的计费规则，供大家进一步了解。

表6-3 基金的计费规则

基金费用	费用类型	描述	费率规则
认购费	前端收费	指买入新发基金的手续费	一次性费用，通常在1%～1.5%，并随认购金额的大小有相应的减让
申购费	前端收费	指购买已上市交易基金的手续费	一次性费用，通常在1%～1.5%，并随认购金额的大小有相应的减让
赎回费	后端收费	指卖出基金份额时所支付的手续费	赎回费最高的是股票型基金，偏股混合基金的赎回费率都是1.5%；通常持有时间越长、费率越低，甚至不收取赎回费。一般基金在持有不到7日的情况下赎回，则需要收取不低于1.5%的费率
管理费	每日计提	指支付给基金管理人的管理报酬	货币基金0.3%～0.4% 债券基金0.6%～0.7% 指数型股票基金0.5%～1% 主动型股票基金、混合型基金1%～2%
托管费	每日计提	指用于银行托管的费用	一般在0.1%～0.25%
销售服务费	每日计提	指基金管理人从开放式基金财产中计提的一定比例的费用，用于支付销售机构佣金、基金的营销费用以及基金份额持有人服务费等	一般在0.5%～1%

通常情况下，基金费用的数额是按照基金净资产值的一定比例从我们的基金资产中提取的。但并非所有基金都收取以上6类费用，不同基金所收取的费用也各有侧重。每一个基金要收取的具体费用，我们可以在基金产品详情页中的"购买信息"内查看。

一般货币市场基金和部分债券基金不收取申购、赎回费。也就是说，不论你购买哪一种货币基金，都是不收取申购、赎回费的。所有的货币基金只会收取3项费用：管理费、销售服务费、托管费。

而且，为了便于投资者投资，市场上通常会有一些辨别标记。

对于货币基金而言，其名称后的字母后缀主要用于区分投资门槛和费率。

A 类货币基金投资门槛低，甚至 1 元就可以申购，但销售服务费较高，通常为每年 0.25％，每日直接在年化收益中扣抵。

B 类货币型基金投资门槛高，100 万元甚至 1000 万元起购，但它的销售服务费用仅为每年 0.01％。

对于其他基金而言，名称后的字母后缀主要用以区分收费方式。

A 类基金通常为前端收费，即需要缴纳申购费，基金费用为：申购费 + 管理费 + 托管费。此类基金申购金额越高，费率越低，适合一次性买入较大金额的大额投资者和长期持有者。

B 类基金通常为后端收费，即在赎回时才收取费用，基金费用为：管理费 + 托管费 + 赎回费。此类基金的持有时间越长，相应的赎回费率越低，适合有耐心的长期投资者。

C 类基金通常免收申购、赎回费用，但是按日计提销售服务费，基金费用为：管理费 + 托管费 + 销售服务费。此类基金适合短期持有基金，对于资金流动性要求较高的投资者。

所以，我们购买基金时，也要注意查看基金会收取哪些费用。比如你短期内看好银行类指数基金的表现，那么在"银行 ETF 联接 A"和"银行 ETF 联接 C"中，就应该选择 C 类，因为 C 类按日计费，短期费用更低，有的 C 类基金持有超过 7 天的管理费甚至为 0。

基金投资适合哪些人

公募基金适合广大散户投资者，特别是那些缺乏专业知识和经验的投资者。公募基金起购金额低，大多数人都有能力购买。公募基金通常由专业基金管理人管理，对于那些没有时间或专业知识研究市场的人来说，投资公募基金更具安全性。而且相对于股票，公募基金更具安全性，因此也适合需要多元化资产配置的投资者。

此外，一些有特定投资目标的人群也可以考虑投资基金，比如希望投资海外市场的投资者可以选择 QDII（Qualified Domestic Institutional Investor，即"合格境内机构投资者"）基金，希望实现养老目标的投资者可以选择养老公募基金，等等。

相比之下，私募基金面向的人群范围较窄，投资门槛和投资风险较高，适合有一定专业投资知识和实际操作能力的高净值人士。

总的来说，基金产品在产品类型、投资范围、投资策略、理财方式等方面具有大而全的优势，能够满足不同人群的资产配置需求。大部分投资者都能根据自己的需求选择适合自己的基金产品，这也是公募基金的魅力所在。

基金投资如何避免亏损

大多数投资者亏钱的原因无非两个：

一是在牛市的中后期受到周围或者各种因素影响，觉得有利可图，选择进场，但此时市场上已经没有太多红利可期。

二是波动承受能力有限，在账面亏损的时候超出心理预期，提前离场。

在基金投资中，想要尽量避免亏损，需要注意以下几点：

第一，不要择时。从理论上来说，我们是无法准确判断市场波动方向的，短期波动更难预测，这其实也是巴菲特一直推崇的长期主义、价值投资的原因，对于新人或者大部分人来说，为了不亏钱，尽量不要以择时的方法去买卖基金。

第二，不要只买一个行业的基金，可以多买几只指数基金。买一个行业的基金，比如说半导体，你可能获得半导体行业快速上升带来的利益，但是也要承担该行业震荡和下跌时的全部风险，同时也可能错过其他行业的黄金上升机会。指数基金是多个股票综合的大礼包，降低了个股投资的风险，也避开了择时的麻烦，多买几个指数基金可以抓住多个市场机遇，同时亏损的可能性也更低。

第三，不要买太多只基金。基金买太多，就会看顾不过来，分散了精力，也容易造成亏损。

基金投资实操

基金投资的要点

在实际的基金投资中，我们需要遵循以下四个基本的原则。

第一，长期持有。长期持有意味着不要频繁买卖，买入后浮亏很正常，坚持持有至少 1 年。此外，要专注于买入长期稳定增长的基金。

第二，分散投资。投资者应建立长久的由 3 ～ 5 只基金组成平衡型或是行业均配的稳健型的投资组合。基金经理需要熟悉 2 个以上的行业，并利用好分红的再投资。在进行风险较高的产品投资时，可以考虑购入收益相对稳定、风险较低的债券基金。此外，不要把资金都放在同种行业基金里，避免被一锅端。

第三，降低成本。在投资基金过程中，买入和卖出的费率虽小，但在大周期时间上，它们的影响却非常大。比如一些永久投资组合计划是在 10 年以上的周期上进行投资，费率就会有很大的差别。

打个比方，2％与 0.5％的费率具体有多大差距？每年多 1.5％的费率，10 年就是（1+1.5％）的 10 次方，最终会少 116％的收益，20 年就会少 135％，30 年就会少 156％，所以不要小看费率。

第四，注意风险。大部分人买基金是为了增加更多的收益。要是亏损超出了承受范围，肯定内心不踏实。所以对于初入行业的投资者来说，由于经验不足，可能选择任何一只基金都会感到不舒服。因此最好的办法就是选择本金损失在自己可以承受范围以内的基金。等自己的投资经验逐渐丰富了，再逐渐扩大选择范围，选择和自己的投资取向吻合的基金。

此外，大家选择基金时也要注意风险匹配原则，了解自己的风险评级，并选择相对应的基金产品。

在选择基金时，还应该注意以下五个指标。

第一个指标是基金规模。

选择基金规模在 20 亿元到 200 亿元的基金，不宜太小也不宜太大。太小的基金容易被清盘，而太大的基金不利于基金经理调仓，难以操作管理，涨跌可能会更大，所以我们要选择的是规模适中的基金。

第二个指标是夏普比率。

夏普比率是基金绩效评价标准化指标，又被称为夏普指数，是可以同时对收益与风险加以综合考虑的三大经典指标之一。

一般来说，夏普比率越大，基金表现越好；反之，基金表现越差。

第三个指标是基金经理。

基金是由基金经理按其投资体系和策略来进行投资的，因此，很大程度上，基金业绩的好坏取决于基金经理的能力大小。

选基金，就是选基金经理。判断一个基金经理优秀与否至少看四个标准。

1. 从业时间 5 年以上为佳。从业时间的长短决定了基金经理的投资经验是否丰富，投资是否稳定。对于基金市场来说，稳定胜过一切，穿越牛熊周期的基金经理，能更好地适应不同的市场趋势，无论是牛市还是熊市，都能稳定盈利才是投资者最想看到的。

2. 长期业绩表现。短期业绩并不能反映一位基金经理的能力，长期业绩表现更能反映出一位基金经理的防御能力和盈利水平。

3. 操盘风格。这一点因人而异，并无明确的好坏之分。关键在于根据自己的风险承受能力和预期收益，选择投资风格适合自己的基金经理。

4. 管理的基金规模。主动型基金不同于被动型基金，他会消耗基金经理很大的精力，所以如果基金经理管理的基金越多，该经理在单只基金上花费的精力就越少，业绩自然也会大打折扣。当然也不是越小越好，过小的基金在基金运作中，往往会收取更高的手续费用，从而提高其单位份额的成本。并且规模小的基金存在赎回风险，容易被清算。

第四个指标是过往业绩表现。

考察 5 ～ 10 年，甚至更长时间的业绩回报率，但不要仅凭过往业绩决定投资。好的基金大部分时期的业绩都排在同类基金的前四分之一——

至少看 3 年的数据。

第五个指标是管理费率。

投资者在选择基金时，不仅要关注管理费率的大小，还要关注管理费率的变动情况，宜选择管理费率较低的基金以降低投资成本。

基金怎么买

基金按照购买场所和交易规则，可划分为以下两类。

第一类是场内基金。场内基金是在证券交易所上市交易的基金，投资者可以通过证券账户在交易所进行买卖。场内基金的价格实时变动，投资者可以根据市场行情随时进行买卖。购买场内基金必须开通证券账户，即股票账户。有股票账户的投资者，直接在场内购买即可，像买股票一样的步骤。

没有股票账户的投资者，可以带着身份证和银行卡去线下证券公司开户。也可以直接在相应的手机 App 上开户；申请开户，一般需要 1～3 天。

开通账户后，就可以准备购买基金。从银行卡转入需要的资金，同时准备好你的基金编号。场内基金的交易时间与证券交易所的交易时间相同，通常是工作日的 9:30 到 15:00。

第二类是场外基金。场外基金是通过证券公司或基金销售机构购买的基金，投资者可以通过银行、证券公司、基金销售机构等渠道购买。场外基金的价格每天只有一个确定的净值，投资者可以在每个工作日结束后进行申购和赎回。

场外基金可以直接从基金公司购买，也可以在基金代销机构购买，如银行、证券公司、天天基金网、微信理财通、支付宝、京东金融、雪球基金、同花顺等。

另外,我们要注意一下,在卖出基金的时候,如果是当日 15:00 之前卖出则按当日净值计算,15:00 之后卖出则按下一交易日净值计算。假如你是当天 17:00 买入的,则要按照第二天基金交易结束后的净值计算买入价。

投资基金的方法

长期定投(针对指数基金)

在投资界有一个公认的逻辑,就是散户战胜机构的一个非常好的办法是长期投资加上定投。如果要选择定投的标的,那么定投指数基金无疑是最佳选择。

指数基金是被动型基金的代表,比如沪深 300 指数,这个指数就是选取了沪深两市规模市值和流通性最好的前 300 家企业,通过特殊的算法计算出一个数字,用以反映这前 300 家企业股价的整体走势。

长期定投是指在固定的时间间隔内,投资固定的金额到某一特定指数基金。这种策略适用于追踪大盘指数的基金,例如股票指数基金。

长期定投的盈利思路很简单:因为市场难以预测,我们很难准确地买在最低点,所以只能根据策略,在相对低估值的时候开始买入。买入后,如果继续下跌,那我们之后每个月买入的价格会更便宜;如果一买入就开始上涨,那我们等待时机卖出即可。

定投指数基金的优势主要有两点:

一是有效性较高。长期定投策略以稳定、长期为目标，避免了短期市场波动对投资组合的影响，长期来看更有利于散户投资者抓住大盘的高收益的机会。

二是历史表现好。拉长时间来看，大部分公募基金都难以跑赢指数基金，长期定投指数基金在多年的时间跨度下，通常能取得与市场平均收益相当的结果。

因此，对于不想花太多时间关注市场波动的投资者，长期定投指数基金通常是有效的好方法。

了解了基本方法，我们来看一下具体的实操步骤。

第一，选择指数基金：选择跟踪业绩良好、费用较低的大盘指数基金。

指数基金，一看跟踪业绩，二看基金费用。

怎么找出这样的指数基金？首先，一般基金软件里都会包含一个基金排行榜，找到指数基金，选定排行依据"跟踪误差"，找出跟踪误差最小的几只指数基金。其次，由于指数基金都是跟着大盘走的，收益率都差不多，我们选一只基金手续费低的基金后，即可尝试定投。

第二，确定金额和时间：设定固定的投资金额和投资周期。

在选择定投指数基金后，接下来需要设定固定的投资金额和投资周期。

先看定投金额。

首先，要确保用于定投的资金在未来至少1年内不会被动用，以确保有足够的时间应对市场波动。

其次，一定程度上来说，定投可以帮助我们强制储蓄，一般建议划定一个不会影响正常生活的收入比例进行定投，比如5％或10％。对于有特定长期目标的家庭，如孩子的学费或养老费，可以先计算出目标资金需求，然后根据时间和需求设定适当的定投金额。

再看定投周期。

对于大部分人来说按月定投是最适合的方式，可以绑定自己的工资卡直接扣款。但也有朋友担心按月定投时间跨度太长，会错失机会，那就可以设置成周定投。此外，根据历史数据测算，大部分指数基金双周或月定投的效果更佳，定投时间一般选周一、周四、月末，或月初前三天为佳。

第三，设置自动扣款：在银行或基金销售平台设置自动扣款。

基金定投的扣款周期一般可以分为日扣款、周扣款、双周扣款、月扣款这几种模式。

第四，长期坚持：尽量避免因市场波动而中断或更改定投计划。

在定投过程中，有一点需要特别注意：许多人很容易只关注短期市场波动，这样可能会被市场所吓倒，选择放弃或更改定投计划。然而，这样的做法可能会导致错失市场反弹的机会，对投资者的长期回报产生不良影响。定投的优势在于能够分散风险，降低因一次性大额投资而面临的潜在风险。如果投资者频繁更改或中断定投计划，他们可能会失去这种分散风险的好处，从而影响他们的投资回报。因此，在执行定投策略时，保持稳定性和耐心是至关重要的，以确保充分获取长期投资的利益。

根据市盈率低买高卖

基金的低买高卖是一种主动投资策略，即在价格低时购入，在价格高时抛售。但如何判断价格的高低呢？

市盈率（PE）是一个较为实用的指标，表示股票价格与公司每股盈利的比率，亦可理解为投资回本的时间。以投资市值 10 亿元，每年利润 5000 万元的股票为例，若其 PE 为 20，则需要 20 年才能回本。市盈率通常用来评估股票或基金的相对价值。

一般来说，高市盈率可能意味着股票或基金被高估；反之则可能被低估，成为入场点。然而，这一策略的有效性因人而异，因为正确判断市盈率需要对市场有深刻理解和准确判断，适合具有一定投资经验和分析能力的投资者。

值得注意的是，低买高卖存在一定风险，因为市盈率虽然是重要指标，但不是影响价格的唯一因素。过分依赖市盈率可能导致忽视其他重要信息。从历史表现来看，一些专业投资人能通过市盈率等估值工具成功实现高抛低吸，但这种成功难以复制，需要深入分析和精准判断时机。由于基金的估值难度较高，对于大多数新手而言，我不鼓励或推荐采用这一方法。

房产投资

不管是国内，还是全球范围内，房产都是普通家庭极其重要的资产之一。房产也是大家最熟悉的一种资产。房产投资的一些基本特性如表 6-4 所示。

表6-4　房产投资的基本特性

属性	具体描述
适合人群	财务自由的中产和高收入群体
收益状况	因租金、房价增值情况而异
对应风险	较高风险
产品特点	长期投资，流动性比较差，收益情况受政策影响大

根据西南财经大学和广发银行联合发布的《2018中国城市家庭财富健康报告》，城市家庭的户均房产价值约为126万元，而户均其他资产总和约为36万元，即住房资产在中国家庭总资产中占比77.7%。[①]

这种情况并非中国独有。据报道，韩国家庭持有的房产等非金融资产占比超过64%。[②] 而在美国、日本、英国、法国等国，尽管其他资产也占有一席之地，但房地产在家庭资产配置中仍具有举足轻重的地位。这进一步凸显了房产在全球家庭财富中的重要性。

房产投资必须了解的知识

房价是由多个因素共同构成的。首先，土地的价值是房价的基础，地段好的房子一般会比地段差的房子价格高。其次，建筑成本也是构成房价的一个重要因素，包括建筑材料、人工、设计等成本。最后，市场供求关系也会影响房价，当供过于求时，房价可能下降；当需求超过供应时，房

[①]　广发银行，西南财经大学2018中国城市家庭财富健康报告[EB/OL].（2019-01-17）[2024-04-24].https://chfs.swufe.edu.cn/__local/1/4B/0D/1205E9EED7140E549FCC440CE5B_46F704E2_BDD654.pdf?e=.pdf.联合早报.房地产占我国家庭资产44%　五年多来最高[EB/OL].（2022-11-29）[2024-04-28].https://www.zaobao.com.sg/finance/singapore/story20221129-1338098?close=true.

[②]　界面新闻.韩国家庭房地产等非金融资产占比超64%[EB/OL].（2022-08-25）[2024-04-28].https://baijiahao.baidu.com/s?id=1742108816193059995&wfr=spider&for=pc.

价可能上涨。

租售比是衡量房地产投资收益的一个重要指标，它是一年的租金与房价的比值。租售比 = 租金 ÷ 房价 × 100%。例如，如果一套价值 100 万元的房子，一年的租金是 10 万元，那么租售比就是 10%。一般来说，租售比越高，房地产的投资收益越高。

影响房价的因素有很多，其中包括经济条件、利率、政策法规、人口迁移、城市发展等。经济条件好时，人们的购买力提高，可能会推高房价；利率低时，贷款的成本降低，也可能刺激房价上涨。

另外，政府的房地产政策，如限购、限贷等，也会对房价产生影响。

房产投资建议

房产的基本属性

房产的三大属性包括居住属性、资产属性和金融属性。

第一是居住属性。

我们买房首先是为了居住，满足生活、上学、工作、结婚、养老及生活便利等需求。

对于我们来说，首先要满足自己的居住需求。能够解决生活问题的房子，才能算"好房产"。

第二是资产属性。

房子属于固定资产，我们拥有对它的使用权。这个资产的价值可能会随着时间而变动，因此能够保值增值的房产才算是好的固定资产，也就是

"好房产"。

第三是金融属性。

金融属性即房产能够被银行和他人认可，可以不断变现，带来现金流的特性。比如购买后能够抵押贷款，能够获取出租的租金收益，等等。

在选择房产时，这三大属性缺一不可。

选择投资的城市和地段

购房时应首先考虑城市和地段。

在选择房产投资时，选取经济发展良好、人口持续增长的城市，并在城市内挑选具有发展潜力的地段，是保值增值的有效途径。同时，为满足自住需求，需全面考虑房屋的具体位置、周边环境以及相关配套设施等因素。

应避免配置过多的投资性房产

投资性房产虽然有可能带来收益，但也伴随着市场波动、房屋空置、管理费用等风险。因此，不建议将过多的资金投入投资性房产，而是应该具备足够的金融知识和风险意识。

房产可能有价值，但不一定有交易，通俗地说，就是不一定卖得出去，出售一套房产可能需要一年半载，因此我们在投资前还要充分考虑资金的流动性问题。

房地产投资实操：购买人生的第一套房子

购买人生的第一套房子，是人生重要的里程碑之一。第一套房也将在很大程度上决定你日后的财富量级。下面我们通过一个案例来讲解具体的操作步骤。

第一步，提前了解政策，让自己符合条件。

小甲在工作 5 年，攒了 30 多万元的情况下，打算入手一套工作所在地市区的房子。小甲查询了当地的限价摇号政策：非市区户口的购房者需要缴纳满一年社保才能购房。幸运的是，小甲目前已经缴纳了 5 年的社保，并且在第二次摇号中成功中签。

第二步，确认自己的需求。

由于是第一套房产，小甲打算自住，并为将来结婚生子做准备。因此，他更注重房屋的居住属性。考虑到当地房价较高，他需要贷款购房，因此也希望房产不仅具备居住属性，还有升值潜力。

第三步，做功课，线上线下了解房市行情。

在购房前，小甲对于购房地区、楼盘、楼栋以及户型一无所知。他最初盲目地跟随经纪人参观了几个楼盘，但效果不理想。在一位从事房地产销售的朋友的建议下，他全面而清晰地了解了一下房产的相关知识和当地房市的情况，对这座城市目前的房产有了大致的了解。

第四步，择优。

在深入了解后，小甲根据自身能力和房产因素，开始进一步筛选优质房源。根据朋友的建议和自身理解，他制定了一系列筛选条件：

1. 靠近地铁、配套好、有学区、附近有产业或吸引人群的因素（至少满足三条）；

2. 选择普通住宅，不考虑商住，因为产权时限较短；

3.考虑房产潜在的接盘者，如周边白领，他们的收入越可观，房子越有价值；

4.尽可能选择被低估的房子，如毛坯/快销/急售；

5.在能力范围内选择最好的房子；

6.选择二手房成交量大的小区，流动性好；

7.避免购买房龄超过20年的小区，因为配套设施可能较为陈旧，存在隐患。

第五步：确定目标后就是找低于市场价的优质房

经过筛选，小甲大致划定了三环某商圈附近几个大公司白领较多的中档小区。该地块交通便利，靠近地铁和商圈，离他办公地点的通勤也不远，均价相对同等区域的其他小区较低。因此，小甲很快锁定了目标小区。

接下来的任务就是寻找低于市场价的优质房源。经过一两个月等待，该小区的一套房源出现在市场上，业主因工作地点变更急需出售，房价比市场价低了大约7万元，属于快销房。于是，小甲迅速联系了中介成功购得这套房产。

附录　房产投资常见问题

问题一：现在还能买房吗？

房产这项资产的意义因人而异，是不是购买的好时机，需要我们辩证分析。

如果房产对你而言是刚需，可以在做好选择的前提下，买一套对自家来说能满足长期需求的房产。暂不论未来房价的涨跌，房子的首要属性还是居住，对于一个家庭而言，拥有房产能够给家庭带来安全感和稳定感。

如果你只是想做投资，则要非常谨慎和理性。一方面，中国的房产市场受政策的影响显著；另一方面，中国已进入老龄化社会，人口出生率下跌，根据房地产的周期规律，非核心区的未来房价大概率会呈现继续下跌态势。

如果在一线城市，有比较多的资金，并且没有其他太好的投资选择，那么考虑在一线城市的核心区域，寻找租售比不错的房产进行投资也是一个不错选择。

问题二：结婚前应该买房吗？

结婚前是否应该买房，这涉及婚前财产的问题，先说结论：

（1）婚前父母全款买房，属于婚前财产；

（2）婚后一方父母出钱全款买房，登记在自己孩子名下，这是夫妻共同财产；

（3）婚前父母出首付，婚后父母还贷，也属于一方的个人财产；

（4）婚前自己出首付，夫妻共同还贷，那么离婚分割时，房子虽然会判给持房产证的一方，但需要向另一方参与还贷和对应增值的部分做出一定的补偿。

婚前资产是一个选择，但需要全款。实际上，婚后再买更符合大多数人的情况。可以夫妻共同出资和还贷，减轻房贷压力。

建立简单有效的投资系统

投资系统

投资大师巴菲特在为本杰明·格雷厄姆的著作《聪明的投资者》作序时，写过这样一句话："要想在一生中获得投资的成功，并不需要顶级的智商、超凡的商业头脑或秘密的消息，而是需要一个稳妥的知识体系作为决策的基础，并且有能力控制自己的情绪，使其不会对这种体系造成侵蚀。"[①]

简而言之，投资成功不仅需要一个稳妥的知识体系和投资方法，更需要坚定的执行。因此，在本节中，我们将探讨一些适合普通用户的知识体系和投资方法。

大家都知道，一个完整的投资体系非常重要，它就像一个机器一样维系着整个投资系统的运转。平时大家可能只是听说或者知道投资体系的其中一部分，并没有太多完整的感觉。

这里我们以一个简单的投资系统为例。这个投资系统出自一位著名投资大师，即巴菲特的老师本杰明·格雷厄姆。

在很长一段时间里，格雷厄姆都提倡并推荐一个名为"股债组合 + 再平衡"的方法。这里我们用一个例子来加以解释。

比如小王刚开始买了 1 万元的股票基金、1 万元的债券基金，两类基金的比例是 1：1。然后到年底的时候，股票基金变成 1.5 万元，债券基

---

① 本杰明·格雷厄姆. 聪明的投资者（第4版，注疏点评版）[M]. 贾森·兹威格，沃伦·巴菲特，注疏. 王中华，黄一义，译. 北京：人民邮电出版社，2016：1.

金变成 1.1 万元，不平衡了。这个时候，需要卖出 0.2 万元的股票基金，买入 0.2 万元的债券基金，整体又变成 1.3 万元的股票基金和 1.3 万元的债券基金，两类基金的比例回到 1 : 1，又平衡了。

以基金为核心，建立一套永久、自动的投资系统，这样无论市场怎么变化，我们都不用去预测和焦虑。

股债平衡策略真的有效吗

假设小王把资产配置设定为经典的"50％股 +50％债"，从沪深 300 指数的基日，也就是 2004 年 12 月 31 日开始投资，不考虑交易成本，截至 2021 年底策略的表现如表 6-5 所示。2005—2021 年股债平衡策略收益率分析如表 6-6 所示。

表6-5　股债平衡策略收益率

年份	50％股+50％债每年末再平衡	50％股+50％债买入持有不动	100％股	100％债
2005年	2.10％	2.10％	-7.70％	11.80％
2006年	61.90％	56.30％	121.00％	2.80％
2007年	79.60％	102.50％	161.50％	-2.40％
2008年	-25.00％	-51.70％	-65.90％	15.90％
2009年	47.70％	55.80％	96.70％	-1.40％
2010年	-4.70％	-8.40％	-12.50％	3.10％
2011年	-9.60％	-15.80％	-25.00％	5.90％
2012年	5.50％	6.00％	7.60％	3.50％
2013年	-4.40％	-5.20％	-7.60％	-1.10％
2014年	31.20％	36.10％	51.70％	10.80％
2015年	7.20％	6.60％	5.60％	8.70％
2016年	-4.60％	-7.10％	-11.30％	2.00％
2017年	10.70％	14.10％	21.80％	-0.30％
2018年	-8.20％	-14.90％	-25.30％	8.80％
2019年	20.50％	24.00％	36.10％	5.00％
2020年	15.10％	19.30％	27.20％	3.00％
2021年	0.20％	-2.10％	-5.20％	5.60％

表6-6　2005-2021年股债平衡策略收益率分析

收益率	50%股+50%债 每年末再平衡	50%股+50%债 买入持有不动	100%股	100%债
总收益率	441.80%	256.30%	392.10%	118.40%
年化收益率	10.40%	7.80%	9.80%	4.70%
年度最低收益率	−25.00%	−51.70%	−65.90%	−2.40%
年度正收益比例	65%	59%	53%	76%

来源：Wind，回测期限 2004.12.31—2021.12.31。本次回测以沪深 300 指数代表股票类资产、中证全债指数代表债券类资产，2004 年 12 月 31 日起投，初始买入比例为股：债 =50%：50%，每年末进行动态再平衡；年化收益率 =（1+ 总收益率）^（1/ 总回测年份数）−1；年度正收益率比例为策略取得正收益率的年份数 / 总回测年份。指数历史业绩不预示未来表现。

在观察了"50％股 +50％债"配置和再平衡的策略之后，我们可以发现：

第一，每种策略在 2005 到 2021 年间的总收益率如下：

每年末再平衡的股债平衡策略：441.80％；

买入持有不动的股债平衡策略：256.30％；

100% 股票策略：392.10％；

100% 债券策略：118.40％。

其中，经过年度再平衡的"50％股 +50％债"策略在总收益上取得了最好的成绩，甚至跑赢了全仓沪深 300 指数。该策略从长期来看，可能更容易获取高收益。

第二，每年末再平衡的股债平衡策略年度盈利占比 65％，说明在风险和收益之间取得了较好的平衡。这种策略在年度可能面临的最大跌幅为 –25％，远低于全仓股票可能经历的 –65.9％的波动，表明投资者在使用这种策略时，虽然牺牲了部分高收益潜力，但显著降低了市场下跌时的损失。对投资者来说，持仓的体验有所提升，也更"拿得住"。

第三，与买入持有不动的策略相比，每年末进行再平衡的策略在总收益率上提高了 185.5％，年化收益率提高了 2.6％。这一策略不仅提升了年度取得正收益的比例，还显著降低了年度最大跌幅。再平衡策略的核心是利用"均值回归"原理，在市场上涨后卖出部分股票兑现收益，并将资金转投债券，在市场下跌时则用债券资金补仓股票，实现"高抛低吸"。这种策略有效控制了投资组合的波动和风险，在牛熊切换的市场行情更迭中表现更佳。即便在某一时段内不能获得最优收益率，也可以实现长期获利。

如何确定投资组合中股债的比例

但对于不同的人来说，股债的最佳比例未必都是"五五开"，那应该要如何确定投资组合中股债的比例呢？

在确定时，一个大的原则是，风险承受能力越高，对目标收益率的要求越高，具备"进攻性"的权益类资产的占比也就应该越高；反之，则应该加大"防守类"债券类资产的占比。

有机构对年度再平衡处理后的不同比例的股债组合进行了回测，有了如表 6-7 的发现。

表6-7　不同比例的股债组合

资产配置方案	总收益率/%	年化收益率/%	年度最低收益率/%
100％债	118.50	4.70	-2.41
10％股+90％债	187.00	6.40	-1.73
20％股+80％债	258.10	7.79	-2.39
30％股+70％债	327.40	8.92	-8.63
40％股+60％债	390.20	9.80	-16.81
50％股+50％债	441.80	10.45	-25.00
60％股+40％债	477.40	10.87	-33.19

续表

资产配置方案	总收益率/%	年化收益率/%	年度最低收益率/%
70%股+30%债	493.20	11.04	-41.38
80%股+20%债	485.80	10.96	-49.57
90%股+10%债	453.10	10.58	-57.76
100%股	394.00	9.85	-65.95

来源：Wind，回测期限 2004.12.31—2021.12.31。本次回测以沪深 300 指数代表股票类资产、中证全债指数代表债券类资产，2004 年 12 月 31 日起投，每年末进行动态再平衡。指数历史业绩不预示未来表现。

从回测的结果来看，有两点发现比较超预期：

第一，权益类资产的占比并非越高越好。相比全仓持股（年化收益率9.85%），加入 30%债券类资产之后，在降低年度最大跌幅的同时，也有助于实现投资组合年化收益率的最大化（11.04%），这正是资产配置的魅力所在。

第二，资本市场总是"牛熊交替"，债市并非"永远涨"，全仓债券也可能面临 -2.41%的年度收益率。但由于"股债跷跷板"效应的存在，如果加入 10%的股票资产，不仅将年化收益率由 4.7%提升至 6.4%，还降低了投资组合可能面临的年度最大跌幅。

不过，上述的比例全部是基于历史数据回测的结果，只能作为参考。一方面，历史数据不能预示未来，不同的产品也可能会导致截然不同的结果；另一方面，每个人对于投资的需求和目标也大相径庭。

因此在实操当中，很难直接明确一个最佳的股债配比，而是需要结合自身的目标收益率和风险承受能力来设定，或者在投资过程中逐步找到最适合自己的股债组合比例。

作为参考，一种常见的方式就是根据"目标生命周期法"来确定股债的占比。具体而言，就是用"（100- 年龄）÷100％"来确定权益类资产的仓位。比如今年 30 岁，那么权益类资产的仓位就考虑设定在 70％左右。

当然，也可以结合市场的估值水平来设定股票资产的占比。如果市场估值较低，可以适当提升股票资产的占比，反之，则提升债券资产的占比。

不过，使用股债平衡策略也有一些需要注意的细节。

首先，本策略的有效性是建立在股债低相关性的基础之上的，需要警惕的情形就是"股债双杀"。其实从历史经验来看，"股债双杀"本就属于较为极端的情形，并且从没有连续两个季度出现过，切记不要因为策略阶段性地失去作用就选择中途放弃。一方面，这样的极端情况本就存在于市场极为恐慌的时刻，往往对应着阶段性的市场底部；另一方面，策略的有效性建立在长期的基础上，需要理性看待短期波动。

其次，前文也已经通过回测证明了"定期动态平衡"对于股债平衡策略的重要性，投资者需要按照预设的股债比例，定期进行动态平衡操作，以免策略失效。

如果有的投资者觉得操作烦琐，在风险偏好匹配的情况下，也可以考虑直接投资"固收 +"基金 ①。记得买入前仔细阅读《招募说明书》，了解清楚权益类和固收类资产的配比，根据自己的实际情况选择适合的产品。

股债平衡策略在投资实操中具体分为以下几个步骤。

第一步，选择好你的基金、债基和股基。

在开始投资之前，需要仔细研究各种基金，包括债券型基金和股票型

---

① "固收+"基金是指以绝对收益为目标,以固定收益为底仓,配置一部分股票/转债等弹性收益资产的基金。

基金，了解它们的投资策略、3 ～ 10 年的历史表现、风险水平、基金经理等信息，选择适合自己风险偏好和投资目标的基金。

第二步，定好股债比例。

比例可以根据自己的实际情况进行选择，常见的比例有 5 ∶ 5、6 ∶ 4、7 ∶ 3 等，因人而异。也可以根据"目标生命周期法"来确定股债的占比。比如小王今年 25 岁，用"（100- 年龄）÷100％"来确定权益型类资产的仓位，那么权益类资产的仓位就考虑设定在 75％ 左右。

第三，定期进行动态平衡。

选好基金、定好比例后，开始按比例分别买入两种基金，然后每年平衡一次。比如手里有 10 万元，采用的股债比例是 5 ∶ 5，那就是买 5 万元的股票基金，买 5 万元的债券基金。如果一年之后股票基金价值涨速高于债券基金，持仓的股债比例变成了 6 ∶ 4，那么这时我们就要手动调仓，把股票基金这一年里上涨的 1 万元，调到债券基金里，再次把股债比例变成 5 ∶ 5。以此类推，每年都要把变动了的比例再次调整成 5 ∶ 5。如果投资效果不理想，也可以重新设定股债比例，再坚持定期调整平衡。

第四，有多余资金，就进行定投。

此外，如果有多余的资金，可以考虑按照设定的比例进行定投，即按照固定的时间间隔和金额进行投资，以降低单次投资的风险。

第五，周而复始，享受复利和成长。

通过上述的步骤，不断地进行投资和平衡，周而复始，便可以享受复利和成长的收益。需要注意的是，投资有风险，投资者需要做好风险控制和资产配置。